U0246185

国家自然科学基金（41771049）资助

北京大学城市与环境学院地表过程分析与模拟教育部重点实验室研究经费资助

国家植物园的
物候韵律

陈效逑　◎著

北京大学出版社
PEKING UNIVERSITY PRESS

图书在版编目（CIP）数据

国家植物园的物候韵律/陈效逑著.—北京：北京大学出版社，2024.4
ISBN 978-7-301-34926-7

Ⅰ.①国… Ⅱ.①陈… Ⅲ.①植物园－植物－北京－名录
Ⅳ.①Q948.521-62

中国国家版本馆CIP数据核字（2024）第058445号

书　　　名	国家植物园的物候韵律	
	GUOJIA ZHIWUYUAN DE WUHOU YUNLÜ	
著作责任者	陈效逑　著	
责 任 编 辑	赵旻枫	
标 准 书 号	ISBN 978-7-301-34926-7	
出 版 发 行	北京大学出版社	
地　　　址	北京市海淀区成府路205 号　100871	
网　　　址	http：//www.pup.cn　　新浪微博：@北京大学出版社	
电 子 邮 箱	编辑部 lk2@pup.cn　总编室 zpup@pup.cn	
电　　　话	邮购部 010-62752015　发行部 010-62750672	
	编辑部 010-62764976	
印 　刷 　者	北京宏伟双华印刷有限公司	
经 销 　者	新华书店	
	650毫米×980毫米　16开本　15.25印张　插页6　205千字	
	2024年4月第1版　2024年11月第2次印刷	
定　　　价	79.00元	

序

　　国家植物园位于北京小西山和寿安山山前洪积扇的顶部，地势平坦开阔，背风向阳，地理坐标为 40°0′21″N，116°11′38″E，平均海拔高度 60～80 米，是集植物科学研究、植物知识普及、游览观赏休憩、种质资源保存、新优植物推广等功能于一体的大型综合性植物园。国家植物园总体规划中确立了香山路以北侧重科学普及和休闲旅游、香山路以南侧重引种保护和科学研究的功能划分，并分属北京市政府和中国科学院。2021 年 12 月 28 日，国务院批复同意在中国科学院植物研究所（南园）和北京市植物园（北园）现有条件的基础上设立国家植物园。2022 年 4 月 18 日，国家植物园在北京正式揭牌。本书以国家植物园北园为研究对象。

　　北园植物展览区包括观赏植物区（专类园）、树木园、盆景园、温室花卉区等。观赏植物区由月季园、碧桃园、牡丹园、芍药园、丁香园、海棠枸子园、木兰园、宿根花卉园、集秀园（竹园）、梅园 10 个专类园组成。园内栽培的植物以北方乡土植物为主，兼顾南方观赏植物和濒危植物。北园的规划面积为 400 公顷，现已建成开放游览区 200 余公顷，园内引种栽培植物 10 000 余种（含品种），近 150 万株，是目前中国北方最大的植物园，也是专门从事植物引种驯化理论研究和实验的科研基地。

　　1979 年春季，笔者在首都师范大学杨国栋教授的指导下开始在北园进行定株和定期的植物物候观测。1979—1990 年，由杨先生和笔者共同进行观测，分别记录；1990—1995年，笔者因出国留学，暂停了物候观测，由杨先生继续开展观测；1995—2006年，恢复由笔者和杨先生共同进行观测；其后，由笔者开展观测至今。在此期间，共积累了100余种植物40余年的物候观测记录。在1995年撰写《北京地区的物候日历及其应用》一书时，杨先生和笔者曾整理了1979—1987年的物候观测记录。此后，因忙于教学和科研工作，一直没有抽出时间和精力整理这份第一手物候资料。2015—2016年，在硕士研究生张维琦的协助下，利用近一年的时间，细心查对杨先生物候记录本的复印件和笔者的物候记录本，披沙拣金，终于完成了1979—2013年北京市植物园物候观测数据库的建立并编制了一份详细的物候历。2020—2021年，在硕士研究生唐菱珮的协助下，完成了2014—2020年物候观测记录的整理并对物候历进行了补充和修编。

本书利用这些新整理出来的物候数据和统计与模型分析的方法，系统阐述了数十年来国家植物园植物物候时序和季节韵律的基本特征，并进行了植物物候发生日期对气候变化响应的模拟与预测研究。从内容上看，本书兼顾学术性和科学普及性，既可为研究者和学生提供植物物候探索的参考，又可为大自然爱好者提供物候观察与赏析的指南。

在本书完成之际，回顾40余年来从事植物物候学观测与研究的缘起和经历，笔者衷心感谢学业导师杨国栋教授长期以来的精心指导与密切合作，感谢张维琦和唐菱珮两位同学的辛勤付出。同时，感谢于萍博士协助制作"国家植物园观花植物花历"和"观测植物物种简介"。

陈效逑

2023年5月1日于北京大学

目　录

丰富多样的植物物候现象

说起植物物候现象，可能人们并不十分了解。其实，这些现象是众所周知的常见自然现象。每年的春游和秋游便主要是追逐着植物物候现象而展开的，最为著名的是日本的赏樱活动，而北京地区的桃花节、红叶节、樱桃采摘节等也体现了植物物候现象对人们生活的影响。

物候知识是中国土生土长的一门学问，在古代，较早的物候现象记载见于《诗经》。例如，在《豳风·七月》篇里有"四月秀葽，五月鸣蜩。八月其获，十月陨箨"，其含义是："四月里远志把子结，五月里知了叫不歇[1]。八月里收获农作物，十月里草木始落叶。"这里的远志结子、知了鸣叫和草木凋落是动物和植物的物候现象，而农作物收获则是人类季节性农业生产活动方面的物候现象，它们都具有以年为周期重复出现的特点。据此，我们把季节性和年周期性发生的各种植物生长和发育阶段，即物候期的表象，称为植物物候现象。各种植物物候现象丰富多彩，形态与色彩各异，它们的发生时间蕴含着自然环境变化的丰富信息，成为自然景观动态的直观、敏感且综合的指示器和自然景观时序与周期的节律钟。杨柳绿、桃花开、枫叶红等植物物候现象的发生时间不仅反映了当前的光照、温度和水分状态，而且反映了过去一段时间内各种环境条件的累积[2]。落叶乔木和灌木的主要物候期及其形态特征如下[3]：

芽开始膨大期是落叶乔灌木的芽经历冬季休眠后复苏并开始生长发育的标志，其主要形态特征是花芽或叶芽的鳞片开始分离，在芽的顶部或侧面出现浅色的线形或角形的新鲜痕迹。比较典型的新痕可见于山桃、杏、元宝槭、紫丁香、蒙椴等落叶乔灌木的芽上。有些植物芽的结构比较特殊，芽膨大的形态特征也就不同，早春榆树的芽膨大通常是以花芽的鳞片边缘拉出白色绒毛为标准；玉兰花芽膨大是当具有绒毛的外鳞片从顶部或侧面开裂露出嫩黄色的芽之时；刺槐叶芽膨大表现为叶痕突起，出现"人"字形裂口之时；槐叶芽膨大是当黑褐色带绒毛的隐闭芽开始露出之时；枣叶芽膨大表现为小枝顶端出现棕黄色绒毛之时；栾树叶芽膨大是从芽中露出黄色绒毛之时；木槿叶芽膨大是芽表面突起出现白绿色的毛刺之时；银杏叶芽膨大是当芽明显鼓胀并在顶端出现绿色之时；旱柳和绦柳的花芽只有一层鳞片，其芽膨大以冬芽因充水鼓胀翘起而与其着生的枝条之间形成一个明显的角度为标准。

芽开放期是落叶乔灌木的芽显著生长发育的标志，其主要形态特征是花芽或叶芽顶端开裂，开始露出新鲜的花萼或花序尖（花芽）和小叶尖（叶芽），比较典型的芽开放可见于山桃、杏、榆叶梅、连翘、旱柳、毛白杨、紫丁香、榆树、刺槐、枣等。

展叶始期是植物营养生长及叶片光合作用开始的标志。落叶乔灌木的展叶始期是当观测的植株上出现第一批完全平展的小叶之时，展叶的数量一般少于叶芽总数的 5%。针叶树如油松、白皮松、华山松、华北落叶松、雪松等的展叶始期是当嫩绿的新针叶刚刚伸出叶鞘 1～2 毫米之时，而侧柏和圆柏的展叶始期则是在老的针叶顶端出现新鲜的绿色并开始延长之时。

展叶盛期是植物营养生长及叶片光合作用开始进入旺盛阶段的标志。落叶乔灌木的展叶盛期是当观测的植株上有 50% 的枝条出现小叶完全平展之时，针叶树如油松、白皮松、华山松、华北落叶松、雪松等则以新针叶长度达到老针叶长度的 1/2 为准。

花序或花蕾出现期是植物生殖生长开始的标志。春季开花的落叶乔灌木，其花芽大多在前一年夏季便已经形成，缓慢生长至初冬进入休眠期，在第二年春季随着温度的升高和日长（光周期）的延长，当花芽开裂露出整个花蕾（如迎春花、山桃、玉兰等）或完整花序（如毛白杨、榆树、紫丁香等）时便进入了花序或花蕾出现期。夏季开花的落叶乔灌木的花芽通常在当年春季形成，其花序或花蕾出现期也是当花芽开裂露出整个花蕾（如山楂、柿树、木槿等）或完整花序（如珍珠梅、紫薇、合欢等）之时。

开花始期是植物传粉和受粉有效时期开始的标志。落叶乔灌木的开花始期是指观测的植株上第一批单生花（如迎春花、山桃、玉兰等）的花瓣完全开放或花序（如紫丁香、紫藤、刺槐等）上第一批小花的花瓣完全开放之时，开花的数量一般少于花芽或花序总数的 5%。对于散粉植物如榆树、毛白杨、旱柳、油松、圆柏等而言，第一批雄花序或雄球花开始散出花粉之时即为开花始期，而雌花序或雌球花的开花始期通常不易被准确观测到。

开花盛期是植物传粉和受粉旺盛时期开始的标志。随着花蕾的逐渐开放和雄花序或雄球花花粉的飞散，当观测的植株上有 50% 的花蕾展开花瓣或 50% 的雄花序（雄球花）散出花粉时即为开花盛期。此时正是观花植物最佳的观赏期，也是花粉浓度和致敏花粉危害最为严重的时期。

开花末期是植物传粉和受粉有效时期结束的标志。每朵花的开放都有一定的期限，当观测的植株上 95% 以上的花朵凋落残败或 95% 以上的雄花序（雄球花）终止散粉时，便进入了开花末期。值得注意的是，夏季开花的落叶乔灌木如珍珠梅、木槿、紫薇、美国凌霄、合欢、槐等的花期一般较长，往往由若干次花潮组成，每次花潮都有相应的开花始期、盛期和末期，其中第一次花潮的开花始期、盛期和末期比较容易准确记录，而其后花潮的次数和每次花潮开花始期、盛期和末期的出现时间，具有显著的年际间和植株间差异，往往不易准确记录，但最后一次花潮的开花末期却易于准确记录，通常被视为整个花期的开花末期。

果实或种子成熟期和脱落期是植物生殖生长结束的标志。成熟期指观测的植株上有 50% 的果皮或种子变为成熟的颜色之时，如榆钱的白黄色、杏的橙黄色、金银忍冬的鲜红色、紫丁香的褐色、鼠李的黑紫色、平枝栒子和水栒子的深红色等。当观测的植株上第一批（小于 5%）果实或种子开始脱落时便是脱落开始期，及至95% 以上的果实或种子脱落时则是脱落末期，如榆钱的散落、柿子的坠落、各种杨树和柳树雌株的飞絮、松柏果实开裂后的种子脱落等。

叶变色期和落叶期是落叶乔灌木营养生长及叶片光合作用衰减和结束的标志。随着秋季光周期的缩短和温度的降低，当观测的植株上出现第一批（小于 5%）完全变为秋色的叶片时即为叶开始变色期。在叶开始变色的同时，一些落叶乔灌木的叶片就开始自然飘落，当观测的植株上出现第一批（小于 5%）落叶时即为开始落叶期。因为许多落叶乔灌木秋叶数量的增加快于落叶数量的增加，所以当观测的植株上所有叶片变为秋色时即为叶全部变色期，比较典型的树种有银杏、元宝槭、鸡爪槭、黄栌、白蜡树、栾树、水杉、玉兰、火炬树、蒙椴、杂种鹅掌楸、枫杨、一球悬铃木、平枝栒子、美国凌霄等。当观测植株上95% 以上的叶子脱落时即为落叶末期，至此，以年为周期的落叶植物整个生长发育过程便告结束。值得指出的是，一些常绿针叶树种如油松、华山松、侧柏等也具有明显的秋季叶变色期和落叶期，变色针叶的数量甚至可以达到针叶总量的 30% ～ 40%，因此，也可以记录其叶开始变色期和开始落叶期。当所有变色针叶脱落后，它们又重新显露出常绿的本色。

第1章
植物物候日历

物候日历是以阳历为时间标尺，主要利用一个地方各种植物物候现象，如萌芽、展叶、开花、结实、叶变色和落叶等发生日期的多年观测资料，按照它们发生日期的时间顺序编制而成的一种"以日系事"的历书。除了植物物候现象的发生日期之外，在物候日历中，通常还包括动物物候现象如蚱蝉、蟋蟀、蝗虫等昆虫的始鸣及终鸣或始见及绝见日期，家燕、野鸭、天鹅、豆雁等候鸟的迁徙日期，以及反映非生物环境变化的一些物候现象如初霜、终霜、初雪、终雪、大地冻融、河湖结冰和解冻等的发生日期。上述各种物候现象的发生有一个共同的特点就是随着不同的季节和年份而变化。在中国古代，人们以这些应时而发的物候现象作为掌握农业生产时宜的一种游动的时间坐标。"三月榆荚时雨，高地强土可种禾""过了九月九，下种跟着菊花走""枣芽发，种棉花"，这些至今仍然流传在民间的古老农谚就是证明。将这些物候现象的出现称为掌握时宜的"游标"，是因为每年榆荚熟、菊花开、枣芽发的日期并不是固定不变的，而是随着季节性和年周期性气候的寒暖变化而延后或提前，成为自然景观动态的一种综合性的征候。据此，将这些物候现象发生日期及其年际间变化的幅度编制成物候日历，就可以作为掌握农时和判断气候变化的生物指示器。

第 1 节　物候日历与季相变化

　　本书编制的物候日历内容仅限于植物物候现象。为了保证物候日历的内容尽量丰富，将观测到的物候现象尽可能多地编入，这样不仅可以方便自然爱好者经常性地来国家植物园追寻大自然的物候足迹并观赏其形态与色彩美，而且可以为研究者进一步开展物候观测和探索物候规律，提供比较完备的物候信息。通过对 1979—2020 年物候观测记录的筛选、订正和统计处理，依据物候日历编制的方法和步骤[4]，选取所有观测时段在 5 年以上的植物物候现象入编，最终编制完成的这份国家植物园的物候日历（见附录 1）包括物候现象共 1130 个（表 1.1），涉及的植物共 114 种。物候日历中物候现象的时间指标包括统计年数、多年平均发生日期、最早发生日期、最晚发生日期和标准差（衡量某个物候现象发生日期在不同年份间平均波动幅度的指标）。

表 1.1　物候日历中各物候期记录的植物种数（物候现象出现的频数）

物候期	频 数	物候期	频 数	物候期	频 数
芽开始膨大期	96	开花始期	91	果实或种子脱落期	20
芽开放期	87	开花盛期	80	叶开始变色期	98
展叶始期	102	开花末期	96	叶全部变色期	64
展叶盛期	87	第二次开花期	2	开始落叶期	87
花序或花蕾出现期	82	果实或种子成熟期	40	落叶末期	98

　　在国家植物园的物候日历中，展叶始期记录的植物种数最多，为 102 种，占入编物候现象总频数（1130 种）的 9.0%；其次，叶

开始变色期（98 种）和落叶末期（98 种）分别占 8.7%、开花末期（96 种）和芽开始膨大期（96 种）分别占 8.5%、开花始期（91 种）占 8.1%。上述 6 个物候期记录的物候现象频数之和占物候日历中所有物候现象总频数的 51.5%，这些物候期的发生日期比较易于观测和记录。除第二次开花期仅有连翘和海仙花 2 种植物外，果实或种子成熟期和脱落期（包括脱落开始期和脱落末期）记录的频数较少，分别占总频数的 3.5% 和 1.8%，这是因为除了少数观果植物如银杏、玉兰、柿树、金银忍冬、平枝枸子等之外，大部分树木的果实或种子成熟期和脱落期的表现并不明显，不易辨认和准确记录，还有一些树木如加拿大杨主要是雄株，没有果实或种子成熟期和脱落期。以多年平均发生日期来看，物候日历从 2 月初的第一个物候现象——蜡梅芽开始膨大期起始至 11 月底最后一个物候现象——桂香柳落叶末期截止。

2 月是草木萌动的时期，只有 8 种植物的 11 种物候现象发生，其中 8 种是芽开始膨大期。宿根园的蜡梅从花芽开始膨大（2 月 7 日）、到现出花蕾（2 月 14 日）、再到绽放花瓣（2 月 25 日）都出现在 2 月；而榆树、旱柳、迎春花、山桃、龙爪柳的花芽和珍珠梅、贴梗海棠的叶芽对早春气温的上升也非常敏感，紧随蜡梅之后，开始萌发；到了 2 月底，毛白杨的柔荑花序已经从芽顶探出头来，悄悄地进入了芽开放期。

3 月是万木争春的时期，共有 177 种物候现象发生，占全年观测到物候现象总频数的 15.6%。该月以芽开始膨大（65 种，占 36.7%）和芽开放（46 种，占 26.0%）现象的出现频率最高，其次是花序或花蕾出现（23 种，占 13.0%）。在此期间，14 种植物进入了开花始期（7.9%），呈现出显著时序美感的有迎春花、山桃、山茱萸、连翘、辽梅山杏和玉兰，而榆树、毛白杨、侧柏、加拿大杨、圆柏、华北落叶松、小叶杨和旱柳的开花以散粉的形式出现，形态和色彩特征并不明显，常常会被游人错过；7 种植物达到开花盛期（4.0%），分别是蜡梅、毛白杨、迎春花、山桃、山茱萸、加拿大杨和连翘；只有 5 种植物（蜡梅、榆树、毛白杨、侧柏和小叶杨）进入开花末期（2.8%）。在 13 种展叶始期（7.3%）的植物中，除 3 种柳树之外，其他 10 种都属于"先叶后花"的植物，其中平枝栒子、绦柳、贴梗海棠和西洋接骨木在 3 月底达到展叶盛期（2.3%）。

4 月是春花烂漫的时期，共有 397 种物候现象发生，占全年物候现象总频数的 35.1%，也是一年中物候现象发生频率最高的月份。植物生长发育的形态特征已经从芽开始膨大（23 种，占 5.8%）和芽开放（40 种，占 10.1%）迅速转变为以展叶始（86 种，占 21.7%）和展叶盛（79 种，占 19.9%）、花序或花蕾出现（47 种，占 11.8%）、开花始（42 种，占 10.6%）、开花盛（38 种，占 9.6%）和开花末（38 种，占 9.6%）为主，呈现出万紫千红的景观季相。主要观花植物有杏、紫玉兰、榆叶梅、贴梗海棠、紫叶李、紫丁香、大山樱、紫荆、白丁香、郁李、锦鸡儿、西府海棠、二色桃、花叶丁香、东京樱花、棣棠、鸡麻、木瓜、毛泡桐、文冠果、黄刺玫、鸡树条荚蒾、紫藤、牡丹、锦带花、楸树、猬实、刺槐、金银忍冬等。进入 4 月的下旬，榆树的翅果逐渐变为成熟的白黄色，并纷纷散落到地上；几乎同时，旱柳和绦柳的种子也开始脱落，柳絮随春风漫天飞舞，状似雪花。

5 月是夏花吐艳的时期，只有 90 种物候现象发生，占全年物候现象总频数的 8.0%。绝大部分植物已经绿叶封冠，进入光合作用的旺盛阶段，只有华山松、油松、白皮松和合欢仍处于展叶始期和盛期（6 种，占 6.7%）。相比之下，以花序或花蕾出现（10 种，占 11.1%）、开花始（19 种，占 21.1%）、开花盛（20 种，占 22.2%）

和开花末（28 种，占 31.1%）的发生频率较高，呈现出春季花潮由盛而衰，逐渐被夏季花潮所替代的景观季相，花色鲜艳的有山楂、平枝栒子、毛樱、海仙花、玫瑰、桂香柳、七叶树、太平花、北京丁香、黄金树等。一些植物如小叶杨、大山樱、桑、旱柳的果实开始成熟、脱落乃至脱落殆尽（7 种，占 7.8%）。

6 月是叶绿花深的时期，虽然只有 18 种植物的 32 种物候现象发生，但 28 种是花期的物候现象。其中，有 10 种植物处于开花始期，包括栗、珍珠梅、栾树、荆条、蒙椴、合欢、美国凌霄、孩儿拳头、梧桐和木槿；8 种植物达到开花盛期；10 种植物进入开花末期。在 6 月，栗、栾树和蒙椴经历了从开花始期到开花末期的全过程；珍珠梅、荆条和合欢花期长且具有多个花潮，它们的开花始期和第一个花潮的开花盛期发生在此期间；枣则从开花盛期到开花末期。此外，1/2 以上的黄刺玫的果实变成了鲜红色，杏的果实则橙黄待采。

7 月是绿色深沉的时期，有 9 种植物的 11 种物候现象发生，且开花的植物种类较少，但紫薇花的粉红色（开花始期和开花盛期）、美国凌霄花的猩红色（开花盛期）和木槿花的紫红色（开花盛期）却独秀于林，给色彩单调的夏季增添了多样化的季相。在此期间开花的树木还有酸枣（开花末期）、大叶黄杨（开花盛期）、梧桐（开花末期）、槐（开花始期和开花盛期）和龙爪槐（开花始期），而早春开花的蜡梅的果实已经悄然变黄成熟。

8 月是幼果初熟的时期，有 16 种植物的 16 种物候现象发生，其中 8 种植物的果实成熟，它们是臭椿、紫丁香、栾树、刺槐、四照花、枣、蒙椴和花椒。夏花植物中的荆条、合欢、锦带花、龙爪槐、槐和美国凌霄落花殆尽，而一种豆科灌木杭子梢却在 8 月下旬绽开蝶形的淡紫色花冠。碧桃园南侧入口处黄金树的叶片在 8 月 25 日前后开始变成金黄色，它是全园中泄露秋光最早的树种。

9月是秋色初显的时期，共有85种物候现象发生，占全年物候现象总频数的7.5%。其中，出现频率最高的是叶开始变色期（37种，占43.5%），彩叶最为醒目的乔灌木有白蜡树、蒙椴、白桦、大山樱、火炬树、枫杨、一球悬铃木、平枝栒子、玉兰、杂种鹅掌楸、栾树、银杏、柿树、白杜、楸树、紫薇、水杉等。其次是果实成熟期（22种，占25.9%），色彩鲜艳的观果植物有鸡树条荚蒾、七叶树、玉兰、酸枣、孩儿拳头、平枝栒子、山楂、银杏、山茱萸、金银忍冬、柿树、西府海棠等。此外，有11种植物开始落叶，7种夏花植物果实开始脱落，6种植物进入开花末期，而杭子梢正值开花盛期，海仙花则在年内第二次绽放。

10月是彩叶飘舞的时期，共有205种物候现象发生，占全年物候现象总频数的18.1%，也是4月之后第二个物候现象发生的高峰。在这些物候现象中，叶变色期有96种，其中叶开始变色期占29.3%（60种），叶全部变色期占17.6%（36种）；落叶期也有96种，其中开始落叶期占35.1%（72种），落叶末期占11.7%（24种）。可见，10月是大多数落叶植物叶片的叶绿素衰减，光合作用速率下降，生长季节结束的时节。一些植物的叶变色速率快于落叶速率，从而会呈现出整个树冠金黄、橙红或棕褐的美貌，如黄金树、白蜡树、蒙椴、白桦、火炬树、五叶地锦、大山樱、紫薇、柿树、栗、银杏、栾树、华北落叶松、山茱萸、元宝槭、黄栌、玉兰等。唯有尖塔形傲立的雪松在此时进入花期，并经历开花始期、盛期和末期，其长卵圆形、紫红色的雄球花中姜黄色的花粉随秋风缓缓地飘散；而连翘少量花芽的第二次开花与其落叶期相遇，象征着一种凋零中的凄美。此外，尚有9种植物的果实成熟和脱落。

11月是落叶归根的时期，共有106种物候现象发生，占全年物候现象总频数的9.4%。其中落叶末期占69.8%（74种），叶全部变色期占 26.4%（28 种），开始落叶期占 3.8%（4 种）。在叶全部变色的树木中，形态和色彩观赏价值较高的有一球悬铃木、白杜、杂种鹅掌楸、鸡树条荚蒾、四照花、水杉、木瓜、平枝栒子等，它们呈现出"落幕前的绚丽"景象。当龙爪柳、蜡梅、绦柳和桂香柳落叶殆尽之时，一个完整的物候年便宣告结束，除了一些常绿树木之外，整个园林进入萧索凋零的冬态。

第 2 节　物候日历与二十四节气

根据地球环绕太阳公转的位置所划分的季节称为天文季节。二十四节气就是一种天文季节，一般认为，它最初是在《淮南子·天文训》（前 139）中被完整地记载。公元前 104 年（汉武帝太初元年）颁布实施的《太初历》把二十四节气纳入历法中，使历书与农事季节得以相互参照。现今使用的二十四节气以春分点为起点，自西向东将黄道的 360º 圆周划分成 24 等份，每等份 15º，沿黄经每运行 15° 被命名为一个节气，如春分始于黄经 0º，立夏始于 45º，夏至始于 90º，立秋始于 135º，秋分始于 180º，立冬始于 225º，冬至始于 270º，立春始于 315º，等等。因为地球公转一周的时间是大约 365 天，所以每年我们在日历上看到的各个节气的起始日期并不是完全固定的，但相差不过 1 天至 2 天。为了便于记忆，人们用歌谣的形式将二十四节气表述为：

春雨惊春清谷天，夏满芒夏暑相连，秋处露秋寒霜降，冬雪雪冬小大寒。

上半年来六二一，下半年来八二三，每月两节日期定，最多不差一二天。

二十四节气的划分产生于黄河中下游地区，那里是中国古代农耕文化的发祥地，因此，各节气的名称大致反映了当地 2000 多年前气候、物候和农事活动的一般特征（表 1.2）。

表 1.2　二十四节气名称的含义 [5]

节　气	含　义
立春	春季的开始，也是农作物播种的时节
雨水	降雨季节的开始
惊蛰	藏在地下冬眠的昆虫和其他小型动物开始复苏，出土活动
春分	昼夜平分，气候适中
清明	天气转暖，草木新绿，景象清新
谷雨	降雨开始增多，有利于谷物的生长
立夏	夏季的开始，也是农作物生长的时节
小满	夏熟谷物的籽粒开始饱满，但仍未成熟
芒种	有芒谷类作物如小麦和大麦的种子成熟，可以收割；水稻宜于种植
夏至	炎热夏天的到来
小暑、大暑	一年中最炎热的时节
立秋	秋季的开始，也是农作物收获的时节
处暑	炎热的季节结束，天气由热变凉
白露	气温迅速下降，湿度仍然较高，夜间温度已达到成露的条件
秋分	昼夜平分，气候适中
寒露	天气越来越冷，露水凝结加重
霜降	气温降到冰点以下，秋霜始降
立冬	冬季的开始，也是农作物贮藏的时节
小雪、大雪	进入降雪季节
冬至	寒冷冬天的到来
小寒、大寒	一年中最寒冷的时节

　　以天文季节的春、夏、秋、冬表示岁序，在中国由来已久，大约起源于先秦，大备于西汉。中国古代的四季划分采用的是阴历，

以二十四节气中的立春日、立夏日、立秋日、立冬日为四季的开始，春分日、夏至日、秋分日、冬至日为四季的正中，称为天文四季。因为阴历的月是朔（完全见不到月亮的一天）望（月亮最圆的一天）月，平均周期是 29.53 天，所以每个节气的开始在相应月份的日期是不固定的。此外，朔望月的开始日期虽然具有月相上的意义，但却不能反映太阳与地球相对位置的关系，缺乏气候意义，这是因为地球表面气候的季节更替主要是与地表获得太阳辐射能量的多少相关联的。因此，在 20 世纪初，中国也与世界上大多数国家一样采用了格里高利历（即阳历），并以北半球春分日（太阳直射点从南半球到达赤道，昼夜平分）、夏至日（太阳直射点到达北回归线，北半球获得的太阳辐射能量最多）、秋分日（太阳直射点返回赤道，昼夜平分）和冬至日（太阳直射点到达南回归线，南半球获得的太阳辐射能量最多）作为四季的开始日期。从春分日到夏至日为春季，从夏至日到秋分日为夏季，从秋分日到冬至日为秋季，从冬至日到次年春分日为冬季。这种基于阳历的天文四季和二十四节气的开始日期基本固定，每个节气和季节的更替都能反映气候的年内变化，有利于指导农业生产。然而，天文四季和二十四节气毕竟是天文季节，在整个北半球的范围内，各地每年同一季节和节气到来的日期是相同的，这显然与不同地点气候和植物生长发育的季节更替及其年际变化的实际情况不符。因此，在确定一个地方的农业生产时宜方面，需要因地制宜地进行调整。例如，北京地区的农谚有"白露早，寒露迟，秋分种麦正当时"，而向南到河南郑州和陕西关中平原一带则有"秋分早，霜降迟，寒露种麦正当时"的说法[5]，并且每年各地种植冬小麦的适宜时间还会有变化，需要参考当年天气预报的实际情况而定。由此可见，二十四节气对于人类季节性生产活动具有指导意义的内涵就在于其所对应的当地气候和物候特征及其年际变化上。

　　根据天文二十四节气的开始日期，在各地物候日历上找到相对
应的植物物候现象多年平均发生日期，便给二十四节气赋予了当地
物候和农事活动时宜的特殊含义。一个地点天文二十四节气所对应
的一系列植物物候现象可以称为这个地点的"物候二十四节气"。
由于植物物候现象的发生日期具有显著的年际变化，所以，根据一
个地点物候日历上植物物候现象发生日期的最早日期、最晚日期和
标准差，便可以确定该地"物候二十四节气"的年际波动最大幅度
和平均幅度等动态性质。有鉴于此，我们从国家植物园物候日历的
多年平均发生日期一列中，挑选出每个节气开始日期或其前后发生
的物候现象（表1.3），作为国家植物园一带各节气起始的植物物
候指标。

表 1.3　国家植物园天文二十四节气初日的植物物候指标

节　气	开始日期（阳历）	植物物候指标
立春	2月4日或5日	蜡梅芽开始膨大期（2月7日）
雨水	2月19日或20日	榆树和旱柳芽开始膨大期
惊蛰	3月5日或6日	旱柳、珍珠梅芽开放期
春分	3月20日或21日	西府海棠、黄刺玫芽开放期，榆树开花末期
清明	4月5日或6日	紫玉兰、榆叶梅开花始期，山桃展叶始期
谷雨	4月20日或21日	毛泡桐、文冠果开花始期，槐展叶始期
立夏	5月5日或6日	平枝栒子开花始期，刺槐、猬实开花盛期
小满	5月21日或22日	玫瑰、太平花开花盛期，臭椿开花始期
芒种	6月6日或7日	枣开花盛期，太平花、北京丁香开花末期
夏至	6月21日或22日	栗开花末期，杏果实成熟期
小暑	7月7日或8日	梧桐开花末期
大暑	7月23日或24日	木槿、槐开花盛期（7月22日）
立秋	8月7日或8日	荆条、合欢开花末期
处暑	8月23日或24日	刺槐果实成熟期

节 气	开始日期（阳历）	植物物候指标
白露	9 月 8 日或 9 日	黄金树开始落叶期，鸡树条荚蒾果实成熟期
秋分	9 月 23 日或 24 日	一球悬铃木、平枝栒子叶开始变色期
寒露	10 月 8 日或 9 日	七叶树、元宝槭叶开始变色期
霜降	10 月 23 日或 24 日	栗、银杏叶全部变色期，雪松开花盛期
立冬	11 月 7 日或 8 日	二色桃、小叶杨落叶末期，水杉叶全部变色期
小雪	11 月 22 日或 23 日	水杉落叶末期
大雪	12 月 7 日或 8 日	—
冬至	12 月 22 日或 23 日	—
小寒	1 月 5 日或 6 日	—
大寒	1 月 20 日或 21 日	—

从表 1.3 可以看出，除了大雪、冬至、小寒和大寒 4 个天文节气以外，其他 20 个天文节气都有对应发生的植物物候指标。虽然这些节气到来的日期是不变的，但这 20 个植物物候指标开始日期却随着气候冷暖和干湿的年际变化发生着显著的改变。因此，通过观察国家植物园某一年这 20 个植物物候指标的发生日期相对于其在物候日历上的多年平均发生日期的离差状况，就可以判断该年物候节气发生的早晚。如果特定年份某一植物物候指标的发生日期早于物候日历上的多年平均发生日期，则表明该年这一指标所代表的物候节气提前；反之，如果特定年份某一物候指标的发生日期晚于物候日历上的多年平均发生日期，则表明该年这一指标所代表的物候节气迟后。此外，从物候日历上还可以查询每个物候节气的年际变化幅度，例如：国家植物园春分到来的植物物候指标之一是黄刺玫芽开放期，其最早发生日期为 3 月 8 日，最晚发生日期为 4 月 4 日，标准差为 7.5 天，因此，这一带物候春分日的年际变化最大幅度是 27

天，平均变化幅度是 7.5 天；夏至到来的植物物候指标之一是栗开花末期，其最早日期为 6 月 11 日，最晚日期为 7 月 1 日，标准差为 5.5 天，表明这一带物候夏至日的年际变化最大幅度是 20 天，平均变化幅度是 5.5 天；而秋分到来的植物物候指标之一是一球悬铃木叶开始变色期，其最早日期为 9 月 10 日，最晚日期为 10 月 17 日，标准差为 9.7 天，可见，这一带物候秋分日的年际变化最大幅度是 37 天，平均变化幅度是 9.7 天。以此类推，其他物候节气发生日期的年际变化最大幅度和平均变化幅度也可以通过物候日历中相应植物物候指标的最早和最晚发生日期及标准差予以确定。

总之，"物候二十四节气"是一系列随地域和时间变化的物候指标，它赋予了天文二十四节气地方化和动态化的物候与农事活动时宜的内涵，这不仅有利于更确切地发挥天文二十四节气对特定地点和年份人类季节性生产活动与生活的指导作用，而且有助于二十四节气这一中国古代劳动人民创造的世界文化遗产的传承与发扬光大。

第 3 节　物候日历与界限温度

一个地方的热量资源通常采用对农业生产具有特定意义的几个日平均气温予以衡量，称为界限温度。中国农业气候上常用的界限温度有日平均气温 0℃、5℃、10℃、15℃、20℃。界限温度的出现日期和持续天数对于确定当地的作物布局、耕作制度和品种搭配具有重要的实践意义[5, 6]。

当春季日平均气温稳定上升通过 0℃时，北方土壤开始解冻，早春作物如春小麦、青稞开始播种，冬小麦开始返青，温带多年生果木开始萌动；当秋季日平均气温稳定下降通过 0℃时，土壤开始冻结，冬小麦开始越冬，青稞及温带多年生果木停止生长。一般将春季日平均气温≥0℃的开始日（又称为初日）至秋季日平均气温≥0℃的终止日（又称为终日）之间的日数，称为一个地方广义的生长期，该期间的日平均气温总和（积温）反映了可供农业利用的总热量资源。

当春季日平均气温稳定上升通过5℃时，喜凉作物如春油菜、马铃薯等开始播种，冬小麦进入分蘖期，多数温带多年生果木开始生长；当秋季日平均气温稳定下降通过5℃时，秋播冬小麦开始进入抗寒锻炼期。

当春季日平均气温稳定上升通过10℃时，一般喜温作物如玉米、棉花、水稻等开始播种和生长，喜凉作物如小麦、谷子等开始迅速生长，温带多年生果木开始进入旺盛光合作用期和二氧化碳吸收期，并以较快速度积累初级生产量；当秋季日平均气温稳定下降通过10℃时，棉花的品质和产量会受到不良影响。一般以10℃以上的持续日数和积温作为喜温作物的生长期和可供农业利用的总热量资源。

当春季日平均气温稳定上升通过15℃时，喜温作物积极生长，早稻适宜移栽，棉花、花生等适宜播种，并可开始采摘茶叶；当秋季日平均气温稳定下降通过15℃时，棉花纤维成熟，冬小麦进入最晚播种期，水稻已停止灌浆，热带作物将停止生长。

当春夏之交日平均气温稳定上升通过20℃时，南方水稻可安全抽穗和开花，一些热带作物如橡胶可正常生长、产胶；当夏秋之交日平均气温稳定下降通过20℃时，水稻不能完成受精过程，形成空壳。

此外，采用日平均气温0℃和20℃两个界限温度还可以划分农业四季，以上半年日平均气温稳定上升通过0℃初日至稳定上升通过 20℃ 初日为春季，以稳定上升通过 20℃ 初日到下半年稳定下降通过 20℃ 终日为夏季，以稳定下降通过 20℃ 终日到稳定下降通过 0℃ 终日为秋季，以稳定下降通过 0℃ 终日到次年稳定上升通过 0℃ 初日为冬季[5]。

由于温度是影响植物物候现象发生的主要驱动因子，而某一植物物候现象的发生时间不仅反映当时的温度状态，而且反映了过去一个时期内温度效应的累积，所以，特定的植物物候现象发生日期可以用来指示界限温度稳定通过的日期。将北京市海淀气象站 0℃、5℃、10℃、15℃、20℃ 界限温度稳定通过的初日（上半年）和终日（下半年）与物候日历中的多年平均发生日期进行对照，便可以找出与这些界限温度稳定通过日期同时发生的植物物候指标（表 1.4 和表 1.5）。

表 1.4　春–夏季日平均气温稳定上升通过界限温度初日的植物物候指标

界限温度 /℃	稳定通过日期	植物物候指标
0	2 月 14 日	蜡梅花蕾出现期
5	3 月 8 日	龙爪柳、山桃芽开放期
10	3 月 28 日	连翘开花始期，西府海棠展叶始期
15	4 月 17 日	棣棠开花始期，木槿展叶始期
20	5 月 11 日	毛泡桐开花末期，海仙花开花始期

表 1.5　秋–冬季日平均气温稳定下降通过界限温度终日的植物物候指标

界限温度 /℃	稳定通过日期	植物物候指标
20	9 月 18 日	平枝栒子果实成熟期，枫杨叶开始变色期
15	10 月 9 日	元宝槭叶开始变色期
10	10 月 27 日	栾树、华北落叶松叶全部变色期
5	11 月 14 日	皂荚、四照花落叶末期
0	12 月 4 日	—

可以看出，除了 0℃终日以外，其他界限温度初日、终日期都有相对应的植物物候指标。需要指出的是，上述界限温度稳定通过日期与物候现象发生日期的对应关系一般是指多年平均发生日期的重叠。就特定年份而言，因各种界限温度通过日期的年际波动较大且彼此之间并不一致，而物候现象发生日期的年际波动虽然相对较小，但却具有从春季至夏季年际波动逐渐减小和从秋季至冬季年际波动逐渐增大的特征，因此，表 1.4 和表 1.5 中界限温度稳定通过日期与物候现象发生日期的对应关系会出现一定的偏差。尽管如此，仍然可以通过植物物候观测来大致推断当地某一年界限温度稳定通过日期及其指示的农作物生长发育状态和农事活动的时宜。

研究表明，多数植物春至初夏的物候现象如芽开始膨大、芽开放、花序或花蕾出现、开花和展叶的发生日期与它们发生之前的温度存在着显著的负相关关系[7, 8]，即：某一年前期温度越高，春至初夏物候现象的发生日期越早；前期温度越低，春至初夏物候现象的发生日期越晚。然而，植物的秋季物候现象如果实或种子成熟与脱落、叶变色和落叶的发生日期主要受到生长季平均气温、秋季日最低（或平均）气温和秋季土壤相对湿度等环境因子的综合影响及日照时间长度的调节，其与前期温度相关关系的不确定性较大。一般而言，生长季平均气温越高、秋季日最低（平均）气温越低、土壤相对湿度越低，秋季物候现象的发生日期越早；生长季平均气温越低、秋季日最低（平均）气温越高、土壤相对湿度越高，秋季物候现象的发生日期越晚[8, 9]。因此，春-夏季日平均气温稳定上升通过界限温度初日与物候现象发生日期的对应关系（表 1.4）比秋-冬季日平均气温稳定下降通过界限温度终日与物候现象发生日期的对应关系（表 1.5）更加稳定。

第 4 节　物候日历与物候预报

利用物候日历中任意两个物候现象多年平均发生日期之间的时间间距（又称为"平均期距"），根据当年较早的那个物候现象的发生日期，预报该年较晚的那个物候现象的发生日期的方法称为平均期距法。这种方法简单易行，便于普及，其基本计算过程是，将当年发生在先的某个物候现象（预报因子）的实测日期（月.日），加上它与其后发生的另一个物候现象（预报对象）之间的平均期距，便得到预报对象在该年的预报日期（月.日）。国家植物园的物候变化以春季和秋季最为迅速，而各种乔灌木的开花和叶变色往往成为游人追逐的观赏目标。春花植物的花期和秋叶植物的彩叶期一般仅出现在数周之内，如遇春季快速升温和秋季大风降温频发的年份，花期和彩叶期更是稍纵即逝。因此，利用物候日历和对前期物候现象发生日期的观测记录，预先查算出其后发生的各种观赏植物花期和彩叶期的大致发生时间，就可以为制定每年赏花和赏叶的时间表提供重要的参考。

表 1.6 列出了从初春迎春花开花始的多年平均发生日期（3 月 17 日）到初夏刺槐开花始的多年平均发生日期（4 月 30 日）近一个半月的时间内，12 种北京地区常见观花植物开花始日期之间的平均期距（天数）。通过观察国家植物园内当年任一种植物的开花始日期，加上表中该种植物开花始的多年平均发生日期与其后发生的各种植物开花始的多年平均发生日期之间的平均期距，便可以得到当年其后发生的各种植物开花始的预报日期。例如，玉兰的花洁白如玉，清香似兰，是仲春时节赏花和花卉摄影的重要目标树种。欲提前知晓当年木兰园中玉兰的开花时间，可以从观察记录迎春花开花

始日期入手，按照表中的平均期距，迎春花开花始日期加上13天即是玉兰开花始的预报日期。为了尽可能准确地预报玉兰开花始日期，还可以依次观察记录山桃和连翘开花始日期，将山桃开花始日期加上8天或者连翘开花始日期加上2天即是玉兰开花始的预报日期。再如，桃花节的主要观赏对象是各种碧桃，其花色以粉红和大红为主，且有单瓣和重瓣之分，不同品种的花期早晚略有差异。本物候日历中的碧桃品种是粉红色的二色桃，如果想预知当年二色桃的开花始日期，可以通过依次观察记录杏、榆叶梅和紫荆的开花始日期，并分别加上13天、8天和4天，即得到预报结果。按照同样的计算方法，表1.7给出了从白桦叶全部变色多年平均发生日期（10月12日）至平枝栒子叶全部变色多年平均发生日期（11月10日）近一个月的时间内，11种北京地区常见观叶植物叶全部变色日期之间的平均期距（天数）。据此，可以根据当年某种植物的叶全部变色日期的观测结果和该种植物叶全部变色的多年平均发生日期与其后发生的各种植物叶全部变色的多年平均发生日期之间的平均期距，预报当年其后发生的各种植物的叶全部变色日期。例如，银杏叶全部变色时，整个树冠呈金黄色，树体笔挺，形态与色彩俱佳，形成从东南门步行道、绚秋苑到热带植物展览温室东侧的靓丽景观线。为了预报银杏的叶全部变色日期，可以先观察记录丁香园中白桦和紫薇的叶全部变色日期，然后分别加上它们与银杏叶全部变色日期之间的平均期距11天和2天即可。

　　根据同样的原理，游人和植物园的管理者还可以根据自己的偏好和园林工作的需求，利用物候日历中的丰富信息和当年前期物候现象发生日期的观测结果，查算其他有观赏和应用价值的植物物候现象在当年的大致发生日期，以提前确定春季、夏季赏花观果和秋季赏叶的适宜时间，以及栽培、修剪和落果、落叶收集等园林作业的时宜。

因为许多园林害虫活动与植物物候现象发生之间具有直接的生态联系（如取食关系）或时间上的重叠，所以及时预报能指示园林害虫活动的植物物候现象发生日期，就可以把握防治园林虫害的有利时机。北京地区常见园林害虫活动的指示植物物候现象举例如下[4]：

- 山桃花蕾出现期：桑刺尺蠖（*Zamacra excavata* Dyar）越冬蛹羽化达到盛期。

- 毛白杨开花盛期：松大蚜（*Cinara pintabulaeformis* Zhang et Zhang）越冬卵开始孵化为若虫，在松针基部或嫩枝上刺吸为害。

- 加拿大杨展叶始期：天幕毛虫（*Malacosoma neustria testacea* Motsch.）幼虫孵化结网于枝杈处，咬食杨、柳、山桃、紫叶李、榆叶梅、黄刺玫等叶片；小杨天社蛾（*Micromelalopha troglodyta* Graeser）越冬蛹羽化为成虫，夜晚产卵于杨、柳等树木叶片上。

- 毛白杨展叶始期：毛白杨蚜虫（*Chaitophorus populialbae* Boyer de Fonscoloube）越冬卵孵化成若虫为害嫩叶。

- 柿树展叶始期：柿绵介壳虫（*Acanthococcus* KaKi Kuwana）越冬若虫爬至嫩叶、叶柄和叶背刺吸为害。

- 榆叶梅开花末期：桃瘤蚜（*Myzus momonis* Mats）为害山桃、榆叶梅和樱桃等树木。

- 槐展叶盛期：槐潜叶蛾（*Phyllonorycter acaciella* Mn）越冬蛹羽化为成虫，将卵散产于槐叶片上。

- 臭椿芽开放期至展叶始期：臭椿皮蛾（*Eligma narcissus cramer*）越冬蛹羽化为成虫，交尾后产卵于臭椿叶背。

- 榆树翅果（榆钱）成熟期：榆毒蛾（*Ivela ochropoda* Eversmann）越冬幼虫出蛰为害。

- 刺槐开花始期：槐蚜（*Aphis robiniae* Macchiate）的有翅蚜迁飞到槐等树木上为害嫩梢，并胎生小蚜虫。
- 刺槐开花盛期：槐尺蠖（*Semiothisa cinerearia* Bremer et Grey）第一代幼虫孵化为害。
- 珍珠梅开花始期：双尾天社蛾（*Dicranura erminea menciana* Moore）越冬蛹羽化为成虫，产卵于杨、柳叶片上。
- 合欢花蕾出现期：合欢吉丁虫（*Agrilus* sp.）成虫开始羽化外出，咬食树叶。
- 白皮松展叶盛期：以幼虫越冬的柳毒蛾（*Leucoma candida* Staudinger）成虫始见。
- 枣开花盛期：槐尺蠖第二代幼虫孵化为害。

值得指出的是，利用物候日历和平均期距法预报物候现象发生日期的基本假设是，每年任意两个物候现象发生日期之间的期距近似等于其多年平均期距。然而，由于不同年份的天气变化多端，气温的年际波动以春季升温和秋季降温时期最为显著，所以，主要受到气温年际波动影响的乔灌木物候现象发生日期亦随之发生早晚的波动。因此，只有在物候现象多年平均发生日期附近波动的正常年景，平均期距法的预报效果才比较准确，遇到极端天气变化的年景如异常的春暖和春寒或秋暖和秋寒，则预报结果就会出现一定的偏差。此外，研究表明，春季物候现象发生日期之间具有比秋季物候现象发生日期之间更为显著的顺序相关性节律（见第3章第1节），据此，利用平均期距法预报春季物候现象发生日期的准确性一般高于预报秋季物候现象发生日期的准确性，并且预报因子与预报对象之间的平均期距越短，预报的准确性越高；平均期距越长，预报的准确性越低。可见，循序渐进、由远及近的物候预报可以渐次提高预报的准确性。

表 1.6 主要春花植物开花始期之间的平均期距

单位：天

预报对象	预报因子										
	迎春花开花始	山桃开花始	连翘开花始	玉兰开花始	杏开花始	榆叶梅开花始	紫荆开花始	二色桃开花始	棣棠开花始	文冠果开花始	黄刺玫开花始
山桃开花始	5										
连翘开花始	11	6									
玉兰开花始	13	8	2								
杏开花始	15	10	4	2							
榆叶梅开花始	20	15	9	7	5						
紫荆开花始	24	19	13	11	9	4					
二色桃开花始	28	23	17	15	13	8	4				
棣棠开花始	31	26	20	18	16	11	7	3			
文冠果开花始	35	30	24	22	20	15	11	7	4		
黄刺玫开花始	38	33	27	25	23	18	14	10	7	3	
刺槐开花始	44	39	33	31	29	24	20	16	13	9	6

25

表 1.7　主要秋叶植物叶全部变色期之间的平均期距

单位：天

预报对象	预报因子									
	白蜡树叶全部变色	白桦叶全部变色	紫薇叶全部变色	银杏叶全部变色	栾树叶全部变色	元宝槭叶全部变色	玉兰叶全部变色	一球悬铃木叶全部变色	杂种鹅掌楸叶全部变色	水杉叶全部变色
白桦叶全部变色	2									
紫薇叶全部变色	11	9								
银杏叶全部变色	13	11	2							
栾树叶全部变色	17	15	6	4						
元宝槭叶全部变色	18	16	7	5	1					
玉兰叶全部变色	21	19	10	8	4	3				
一球悬铃木叶全部变色	22	20	11	9	5	4	1			
杂种鹅掌楸叶全部变色	25	23	14	12	8	7	4	3		
水杉叶全部变色	29	27	18	16	12	11	8	7	4	
平枝栒子叶全部变色	31	29	20	18	14	13	10	9	6	2

第 5 节 物候日历与植物造景

植物造景就是利用乔木、灌木、藤本及草本植物来创造景观[10]。在进行植物造景时，树木具有特殊重要的意义。除了可以利用树木的形态、线条、色彩、质地、意境等观赏特性进行立体的空间造型设计之外，如果能进一步运用它们的物候期如萌芽、展叶、开花、果熟、叶变色和落叶等随季节变化的观赏特性进行设计，则更可挖掘植物景观的时序与韵律之美。因此，树木物候期被认为是造园植物的重要性状之一[11]。

在植物造景设计与研究中，通常以树木某一方面的观赏特性，将其区分为观花、观叶、观果树种等[12, 13]，并列出树木的萌芽、展叶、开花、果熟、叶变色和落叶的平均日期，以备参考[11, 14]。着眼于单一的物候期来配置植物，固然可以形成一时的美好景象，然而随着季节的推移，这种植物配置在全年内的总体观赏效果上是否仍然是一种美的组合，则无法予以确定。为了创造出不同季节植物景观的最佳配置，提高植物造景的美学与生态价值，有必要考虑多种植物物候期发生时间的早晚及其重叠与匹配关系，这就需要进行树木物候期的组合分类。从观赏的角度来看，人们总希望不同植物的物候期组合起来形成美好的景象，并且保持较长的时间。正如北宋诗人欧阳修所言："浅深红白宜相间，先后仍须次第栽。我欲四时携酒赏，莫教一日不花开。"在北京地区，虽然因冬季寒冷干燥，不能实现"四时有花"，但根据植物物候期发生时段的组合分类，仍可以有效地搭配不同的植物种群以创造出春、夏、秋 3 个季节的美景，提高园林植物群落的观赏性。

　　根据不同物候期发生时段的组合来进行植物分类和植物造景，首先需要划分有关物候期的发生时段。由于常绿树木物候期变化的特征不甚明显，本节只对落叶树木进行物候期发生时段的组合分类，包括绿叶期（展叶始与叶开始变色发生时段的组合分类）、秋叶期（叶开始变色与落叶末发生时段的组合分类）、叶幕期（展叶始与落叶末发生时段的组合分类）和花叶配合期（开花始与展叶始发生时段的组合分类）4 种[15]。具体做法是，从物候日历中选出所有落叶树木的展叶始、叶开始变色、落叶末和开花始 4 个物候期的多年平均发生日期，分别计算所有树木的每个物候期多年平均发生日期最小值与最大值之间的间隔天数，并将间隔天数平均分为 3 等份，得到每个物候期偏早（0 ～ 33.3%）、居中（33.3% ～ 66.7%）、偏晚（66.7% ～ 100%）3 种类型的界限日期。例如，树木展叶始物候期发生在 4 月 5 日之前的属于偏早的类型，发生在 4 月 6 日至 4 月 20 日的属于居中的类型，发生在 4 月 21 日之后的属于偏晚的类型；落叶末物候期发生在 10 月 30 日之前的属于偏早的类型，发生在 10 月 31 日至 11 月 15 日的属于居中的类型，发生在 11 月 16 日之后的属于偏晚的类型（表 1.8）。需要说明的是，由于开花始物候期从 2 月下旬一直延续到 8 月下旬，且夏季、秋季开花的树木明显少于春季，为了使划分的结果更为实用，在开花始物候期发生时段的划分中，将树木分为春花树木和夏-秋花树木两类，定义春花树木为在初夏季节开始前（＜5 月 6 日）进入开花始期的树木，夏-秋花树木为初夏季节开始后（≥5 月 6 日）进入开花始期的树木，对这两类树木的物候期分别划分偏早、居中、偏晚 3 种类型。

　　落叶树木从展叶始到落叶末的期间称为叶幕期，它既是树木有叶片着生并进行营养生长的时段，又是其降尘和净化空气效果最为显著的时段。在叶幕期内，树木冠层形态、色彩和意境的季节变化显著，表现为一个从幼叶初生、嫩绿鹅黄，到密叶封冠、绿色深沉，再到彩叶飘落、枝丫裸露的过程。因此，一种树木叶幕期开始与结束的早晚及其持续时间的长短，就成为进行树种配置以提高植物造景形态、色彩、意境美感与环境效应的重要依据。从表 1.8 可以看出，国家植物园内展叶始偏早的树木有 27 种，居中的有 48 种，偏晚的有 13 种；落叶末偏早的树木有 16 种，居中的有 52 种，偏晚的有 20 种。展叶始偏晚与落叶末偏早组合类型（叶幕期通常最短）的树木有黄金树、火炬树、枣、酸枣和文冠果，平均叶幕期短于或等于 193 天；展叶始偏早与落叶末偏晚组合类型（叶幕期通常最长）的树木包括平枝栒子、紫叶小檗、西府海棠、木瓜、金银忍冬、鸡树条荚蒾以及同属杨柳科的绦柳、龙爪柳和旱柳 9 种，平均叶幕期长于或等于 226 天。此外，尚有 74 种树木的平均叶幕期为 194 ~ 225 天，占所有观测植物种数的 84%。在总共 9 个物候期发生时段组合类型中，展叶始居中与落叶末居中物候期组合类型的树木最多，有 29 种，约占 33%；展叶始偏早与落叶末居中物候期组合类型的树木次之，有 16 种，约占 18%；二者合计占所有植物种数的 1/2 以上。相比之下，属于展叶始偏晚与落叶末偏晚物候期组合类型的树木只有 1 种——槐，而属于展叶始偏早与落叶末偏早物候期组合类型的树木有 2 种——贴梗海棠和西洋接骨木。

从应用的角度来看，在一个景点的园林植物造景设计中，应综合考虑叶幕期较短、居中和较长的树木的合理搭配，尽可能地保证植物种的多样性和叶幕期起讫日期的差异化，以便呈现出不同季节树木冠层多样化的形态、色彩和意境之美。反之，如果单独选择展叶始偏晚与落叶末偏早（叶幕期较短）、展叶始居中与落叶末居中（叶幕期居中）、展叶始偏早与落叶末偏晚（叶幕期较长）等物候相组合类型的树木造景，则会呈现出比较单调的植物群落外貌，也就相应地减少了叶幕期的层次感和树木冠层形态、色彩和意境之美的丰富度。然而，为了达到特定的植物造景目标，如呈现春季变绿早与秋季凋零晚的植物群落外貌和实现尽可能延长植物叶片降尘与净化空气的功能，也可在一些景点选择符合上述目标的物候期组合类型中的树种进行合理配置。从审美的角度看，这 9 种造景树木的展叶始和落叶末物候期组合的造景植物类型都具有独特的观赏价值。

表 1.8　展叶始与落叶末物候期组合（叶幕期）的造景树木分类（共 88 种）

物候相类型	展叶始偏早（≤4月5日）	展叶始居中（4月6日—4月20日）	展叶始偏晚（≥4月21日）
落叶末偏早（≤10月30日）	贴梗海棠，西洋接骨木	大山樱，蒙椴，白桦，楸树，白蜡树，柿树，臭椿，玫瑰，胡桃	黄金树，火炬树，枣，酸枣，文冠果
落叶末居中（10月31日—11月15日）	华北落叶松，猬实，白丁香，北京丁香，紫丁香，小叶杨，黄刺玫，锦鸡儿，花叶丁香，白杜，太平花，山桃，榆叶梅，枫杨，紫叶李，珍珠梅	连翘，加拿大杨，郁李，杜仲，七叶树，栾树，杂种鹅掌楸，辽梅山杏，杏，二色桃，银杏，玉兰，元宝槭，鼠李，四照花，毛梾，紫荆，钻天杨，山楂，皂荚，花椒，刺槐，木槿，栗，桑，盐肤木，杭子梢，山茱萸，榆树	构树，紫藤，紫薇，荆条，毛泡桐，梧桐，合欢
落叶末偏晚（≥11月16日）	平枝枸子，紫叶小檗，绦柳，西府海棠，龙爪柳，旱柳，木瓜，金银忍冬，鸡树条荚蒾	棣棠，鸡麻，蜡梅，水杉，迎春花，毛白杨，大叶朴，一球悬铃木，沙枣，龙爪槐	槐

在叶幕期之内，落叶树木从展叶始到叶开始变色的期间称为绿叶期，它与一年内树木叶片的光合作用期、二氧化碳吸收期和水分蒸腾期大致重合，具有固定二氧化碳和调节局地气候的显著功能。由表 1.9 可以看出，园内展叶始偏早的树木有 27 种，居中的有 48 种，偏晚的有 13 种；叶开始变色偏早的树木有 4 种，居中的有 56 种，偏晚的有 28 种。展叶始偏晚与叶开始变色偏早组合类型（绿叶期通常最短）的树木只有黄金树 1 种，其平均长度为 127 天；而展叶始偏早与叶开始变色偏晚组合类型（绿叶期通常最长）的树木包括白丁香、珍珠梅、山桃、木瓜、三叶木通、旱柳、猬实、牡丹、绦柳、西府海棠、龙爪柳 11 种，平均绿叶期长于或等于 185 天。可见，尽可能多地种植这些树木将显著增加景观的"绿度"，使得生机勃勃的植物群落季相得以延长。此外，还有 76 种树木的平均绿叶期为 128～184 天，占所有树木种数的 86%，其中，展叶始居中与叶开始变色居中组合类型的树木最多，约占 34%（30 种）；展叶始偏早与叶开始变色居中组合类型的树木次之，约占 18%（16 种）；展叶始居中与叶开始变色偏晚组合类型的树木位列第三，约占 17%（15 种）；三者合计占所有树木种数的 69%。值得注意的是，物候期发生时段组合类型中展叶始居中与叶开始变色偏早组合类型的树木只有 3 种——白蜡树、蒙椴、玫瑰，展叶始偏晚与叶开始变色偏晚组合类型的树木只有 2 种——酸枣和槐，而展叶始偏早与叶开始变色偏早组合类型的树木空缺。在不同时长的绿叶期背景上，均可以通过与各种树木花期的相关配置，形成丰富多彩的植物群落季相。

落叶树木从叶开始变色到落叶末的期间称为秋叶期。叶开始变色偏早的树木有 4 种，居中的有 59 种，偏晚的有 28 种；落叶末偏早的树木有 18 种，居中的有 54 种，偏晚的有 19 种。叶开始变色偏

表 1.9 展叶始与叶开始变色物候期组合（绿叶期）的造景树木分类（共 88 种）

物候期类型	展叶始偏早 （≤4月5日）	展叶始居中 （4月6日—4月20日）	展叶始偏晚 （≥4月21日）
叶开始变色偏早 （≤9月14日）		白蜡树，蒙椴，玫瑰	黄金树
叶开始变色居中 （9月15日— 10月5日）	枫杨，贴梗海棠，榆叶梅，平枝枸子，黄刺玫，西洋接骨木，白杜，紫丁香，太平花，金银忍冬，锦鸡儿，小叶杨，华北落叶松，鸡树条荚蒾，花叶丁香，北京丁香	白桦，大山樱，臭椿，一球悬铃木，胡桃，玉兰，杂种鹅掌楸，毛梾，栾树，加拿大杨，银杏，柿树，刺槐，木槿，楸树，辽梅山杏，水杉，郁李，棣棠，桑，迎春花，杜仲，山茱萸，四照花，二色桃，连翘，大叶朴，毛白杨，栗，盐肤木	火炬树，紫藤，构树，枣，紫薇，毛泡桐，荆条，合欢，梧桐，文冠果
叶开始变色偏晚 （≥10月6日）	白丁香，珍珠梅，山桃，木瓜，三叶木通，旱柳，猬实，牡丹，绦柳，西府海棠，龙爪柳	蜡梅，山楂，沙枣，紫荆，鼠李，七叶树，杭子梢，元宝槭，钻天杨，杏，鸡麻，榆树，龙爪槐，皂荚，海仙花	酸枣，槐

晚与落叶末偏早组合类型（秋叶期通常最短）的树木只有酸枣 1 种，其秋叶期平均长度为 22 天；叶开始变色偏早与落叶末偏早组合类型的树木有白蜡树、蒙椴、黄金树和玫瑰。在其他 5 种叶开始变色与落叶末物候组合类型的造景树木中，以叶开始变色居中与落叶末居中组合类型的树木最多，约占所有树木种数的 41%（37 种）；叶开始变色偏晚与落叶末居中组合类型的树木次之，约占 19%（17 种）；二者合计约占所有树木种数的 60%。总体来看，大约有 75%

的树木（68 种）秋叶期集中在 9 月 15 日到 11 月 15 日，还有 21%
的树木（19 种）秋叶期延续到 11 月 15 日之后（表 1.10）。在这两
个多月的时间里，有 87 种树木呈现出黄、红、褐等颜色的秋叶，从
中选择时段重叠或者相续的树种成片栽植，将可以构成不同时段、
不同色彩、不同规模的彩叶廊道和斑块，形成秋叶初现、层林尽染、
落叶缤纷、霜叶凋零等丰富多彩的意境，而将叶开始变色较早的树
木与叶开始变色较晚的树木配置在一起，则可延长"秋光无限好"
植物群落季相的观赏时间。值得注意的是，国家植物园内叶开始变
色偏早与落叶末居中和偏晚组合类型的树木缺失，这在一定程度上
限制了秋叶期植物造景的多样性。

表 1.10　叶开始变色与落叶末物候期组合（秋叶期）的造景树木分类（共 91 种）

物候期类型	叶开始变色偏早 （≤9 月 14 日）	叶开始变色居中 （9 月 15 日—10 月 5 日）	叶开始变色偏晚 （≥10 月 6 日）
落叶末偏早 （≤10 月 30 日）	白蜡树，蒙椴，黄金树，玫瑰	白桦，臭椿，火炬树，楸树，贴梗海棠，大山樱，柿树，枣，西洋接骨木，五叶地锦，胡桃，孩儿拳头，文冠果	酸枣
落叶末居中 （10 月 31 日—11 月 15 日）		合欢，枫杨，栗，荆条，辽梅山杏，栾树，榆叶梅，木槿，加拿大杨，桑，银杏，紫薇，黄刺玫，构树，紫丁香，北京丁香，太平花，毛泡桐，二色桃，小叶杨，花叶丁香，连翘，毛棶，东京樱花，梧桐，郁李，白杜，玉兰，锦鸡儿，刺槐，紫藤，盐肤木，杂种鹅掌楸，华北落叶松，杜仲，四照花，山茱萸	山楂，银白杨，紫荆，杭子梢，钻天杨，山桃，黄栌，元宝槭，鼠李，美国凌霄，白丁香，猬实，七叶树，杏，皂荚，珍珠梅，榆树

物候期类型	叶开始变色偏早 （≤9月14日）	叶开始变色居中 （9月15日—10月5日）	叶开始变色偏晚 （≥10月6日）
落叶末偏晚 （≥11月16日）		毛白杨，金银忍冬，大叶朴，一球悬铃木，鸡树条荚蒾，平枝栒子，迎春花，棣棠，水杉	龙爪槐，木瓜，旱柳，西府海棠，槐，鸡麻，龙爪柳，蜡梅，绦柳，沙枣

　　"桃红柳绿"是北京地区初春时节的一种传统的植物物候期组合造景设计，它体现了花叶配合的视觉美感。表1.11是根据各种树木展叶始和开花始物候期发生时段组合的造景植物分类结果。在53种春花树木中，有4种（8%）树木属于开花始偏早的类型，24种（45%）树木属于开花始居中的类型，25种（47%）树木属于开花始偏晚的类型。"先花后叶"的植物约占26%，其开花始日期通常在展叶始日期之前，包括开花始偏早且展叶始居中的蜡梅、毛白杨、迎春花和榆树，开花始居中且展叶始偏早的山桃和小叶杨，开花始居中且展叶始居中的山茱萸、加拿大杨、连翘、辽梅山杏、玉兰、杏、紫玉兰、紫荆。由于花期和展叶期并不衔接，这些树木在开花之后的一段时间内，多呈现出类似冬季枝丫裸露的形态特征。而开花始居中且展叶始偏早或居中组合类型的树木如旱柳、龙爪柳、榆叶梅、贴梗海棠、紫叶李、紫丁香、枫杨、白丁香、锦鸡儿、大山樱、元宝槭、郁李、白桦、白蜡树等，以及开花始偏晚的绝大多数树木，则属于"先叶后花"或"花叶同时"的植物，它们的花期处于绿叶期之中或与展叶期重叠，形成花叶配合的物候期组合特征。唯独毛泡桐属于"先花后叶"的树木，它虽然开花期较晚，但展叶期更晚。相比之下，所有夏-秋花树木的开花始均在其展叶始之后，其中开花始偏早的树木约占78%（21种），居中的树木约占19%（5种），偏

晚的则只有杭子梢1种。因为夏-秋花树木的种数（27种）明显少于春花树木，并且夏季明显长于春季，所以整个夏季是一个绿色深沉且鲜花稀少的时期，植物群落的季相单调少变。

表1.11　展叶始与开花始物候期组合（花叶配合期）的造景树木分类（共80种）

物候期类型	展叶始偏早 （≤4月5日）	展叶始居中 （4月6日—4月20日）	展叶始偏晚 （≥4月21日）
春花树木			
开花始偏早 （≤3月19日）		蜡梅，榆树，迎春花，毛白杨	
开花始居中 （3月20日—4月12日）	山桃，小叶杨，旱柳，龙爪柳，榆叶梅，贴梗海棠，紫叶李，紫丁香，枫杨，白丁香，锦鸡儿	山茱萸，加拿大杨，连翘，辽梅山杏，玉兰，杏，紫玉兰，大山樱，紫荆，元宝槭，郁李，白桦，白蜡树	
开花始偏晚 （4月13日—5月5日）	西府海棠，花叶丁香，紫叶小檗，木瓜，三叶木通，西洋接骨木，黄刺玫，鸡树条荚蒾，牡丹，猬实，金银忍冬，平枝栒子	二色桃，棣棠，鸡麻，一球悬铃木，桑，胡桃，锦带花，楸树，刺槐，山楂	毛泡桐，文冠果，紫藤
夏-秋花树木			
开花始偏早 （5月6日—6月11日）	太平花，北京丁香，白杜，珍珠梅	四照花，毛梾，海仙花，玫瑰，柿树，沙枣，七叶树，臭椿，栗，栾树，蒙椴	黄金树，酸枣，枣，火炬树，荆条，合欢
开花始居中 （6月12日—7月19日）		木槿，龙爪槐	槐，梧桐，紫薇
开花始偏晚 （≥7月20日）		杭子梢	

综上所述，在一个特定的景点，同一物候期组合分类框中的树木具有相似的植物造景功能，可以根据需要互相替代。在同一物候期早、中、晚类型之间进行植物造景的匹配设计，可以延长或缩短该物候期的观赏时段，如春花早与春花晚的树木配置，可以延长春花物候的观赏期；秋叶早与秋叶晚的树木配置，可以延长秋叶物候的观赏期。在春、秋物候期组合方面进行植物造景匹配设计，则可以形成叶绿早与叶黄晚、叶黄早与凋零晚、叶绿早与凋零晚等植物群落季相。在国家植物园，大约有50%的春花树木花期集中于仲春，有利于"万紫千红结队来"群落季相的设计，重点在色彩与形态上的时空配置，如：玉兰白与碧桃粉、连翘黄与海棠红、丁香紫与棣棠橙等。此外，大约有50%的树木展叶始、叶开始变色和落叶末发生在两周之内，有利于"春到枝头争先绿""秋染叶色竞斗艳""无边落木萧萧下"等群落季相及其跨季节匹配的设计，重点在层次、高低、隐显和断续的配置。当前植物群落季相的缺陷是夏季、秋季开花的植物比较贫乏，亟待引入新种。笔者曾于20世纪80年代从北部山区引种过夏花灌木杭子梢，但由于数量较少，未形成规模效应，仅存的植株也随着园林的改造而消失了。今后应显著增加夏、秋季开花的宿根花卉如芍药、荷包牡丹、蜀葵、鸢尾等，以及百合属、菊属长日照植物的种植数量和面积。此外，为了延长植物群落的绿色季相，应着力增加绿叶期长的树木的种植数量和面积，这将显著提高园林植物群落的二氧化碳吸收能力，并改善园区的局地气候，为应对全球气候变暖，实现中国的"碳中和"目标做出贡献。

第 2 章

植物物候季节

依据物候日历中各种物候现象的多年平均发生日期划分物候季节,有助于认识一年内植物物候变化的阶段性以及每个季节内物候期的形态、色彩和意境特征。利用物候累积频率拟合法划分物候季节的基本思路是,将一个地方各种植物物候现象多年平均发生日期的数据组成一个混合样本,直接计算混合样本所有物候现象按出现时间的早晚顺序、以候(5 天为一候)为统计时段的频率和累积频率,绘制频率和累积频率曲线。因为物候频率曲线通常都有春-夏季(萌芽、展叶、开花、果熟)和秋-冬季(果熟、叶变色、落叶)两个波峰,其累积频率曲线表现为两个前后相连的近似生长曲线,即累积频率变化由快到慢,再到快再到慢的 4 个明显转折阶段,所以需要对春-夏季和秋-冬季的累积频率曲线分别进行生长曲线的拟合。在此基础上,计算累积频率拟合曲线的曲率变化率最大值所对应的日期(即物候现象发生的累积频率增长速率变化最快的时间转折点所对应的日期),作为初春、初夏、初秋、初冬 4 个物候季节的开始日期[16]。进而,计算春-夏季和秋-冬季两段累积频率拟合曲线曲率最大值所对应的日期(即物候现象发生的累积频率增长速率最快的时间转折点所对应的日期),得到仲春、晚春、仲秋、晚秋 4 个物候季节的开始日期。因为夏季和冬季至早春的物候现象较少,无法通过累积频率拟合曲线计算得出季节开始的具体时间,所以参考气温的季节变化予以划分。具体的做法是,绘制海淀气象站

1979—2019 年多年平均的日平均气温曲线，得出全年日平均气温最高值为 27.2℃，日平均气温最低值为 −4.2℃。以气温为主要依据，参照物候日历上的物候现象多年平均发生日期，将上半年日平均气温开始稳定等于或高于 25℃ 的日期作为仲夏的开始，下半年日平均气温开始稳定低于 25℃ 的日期作为晚夏的开始。同理，将下半年日平均气温开始稳定低于 0℃ 的日期作为隆冬的开始，上半年日平均气温开始稳定等于或高于 0℃ 的日期作为早春的开始。最终得到仲夏、晚夏、隆冬、早春 4 个物候季节的开始日期。在划分的 12 个物候季节（表 2.1）中，夏季最长，历时 128 天；冬季次之，历时 85 天；春季第三，历时 81 天；秋季最短，历时 71 天。

表 2.1　国家植物园物候季节划分结果

一级季节	春 季				夏 季			秋 季			冬 季	
二级季节	早春	初春	仲春	晚春	初夏	仲夏	晚夏	初秋	仲秋	晚秋	初冬	隆冬
初日 /（月.日）	2.14	3.13	3.24	4.25	5.6	6.13	8.18	9.11	9.26	11.6	11.21	12.4
顺序天数 / 天	45	72	83	115	126	164	230	254	269	310	325	338
持续时间 / 天	27	11	32	11	38	66	24	15	41	15	13	72
季节时长 / 天	81				128			71			85	

第 1 节　万紫千红的春季

植物物候的春季开始于 2 月 14 日，结束于 5 月 5 日，共计 81 天，其间共有 600 种物候现象发生，占全年物候现象总数的 53.1%（见附录 1）。在春季，落叶阔叶植物群落的外貌经历着由枝丫裸露的休眠冬态，到草木萌动、嫩绿初发，再到开花、展叶、万紫千红的演变过程，是一年中植物物候多样性最为丰富、动态感最为强烈的季节。

1. 早春

顾名思义，早春是从冬季向春季的过渡季节，景观季相的特征是：东风解冻，春意初露。早春季节的多年平均开始日期是 2 月 14 日，结束于 3 月 12 日，历时 27 天（表 2.1）。在此期间发生的物候现象共 41 种，仅占整个春季物候现象总数的 6.8%。其中，以芽开始膨大为主，其次是芽开放，二者的频数占早春所有物候现象的 85.4%（35 种，表 2.2）。由于花芽和叶芽的萌动不易察觉，植物群落的外貌与隆冬的差别并不分明。

在指示早春开始的物候现象中，最早的当数蜡梅花蕾出现（2 月 14 日，附图 1①），只见个别花芽顶端裂开，伸出黄色的花冠，十分醒目。紧随其后的是榆树的芽开始膨大，表现为越冬花芽的覆瓦状鳞片互相挣开，其边缘显现出白色的绒毛（2 月 19 日，附图 2），如果不是近距离仔细观察，往往是很难发现的。在冬去春来、气温波动剧烈的时节，一些杨柳科植物也率先解除休眠、进入萌动期。柳树的芽只有一层鳞片，当小枝上越冬花芽或叶芽开始从干瘪变得因充水而鼓胀，使芽体翘起，与枝条之间的角度变大时，便是芽膨大的开始；而当芽鳞顶端开裂，露出嫩绿色的花序尖或小叶尖时，则标志着芽的开放，正是"柳梢绿小眉如印，乍暖还寒犹未定"。杨柳科植物中最先芽开始膨大的是旱柳（2 月 19 日），随后是龙爪柳（2 月 27 日），而绦柳的芽开始膨大则开始于 3 月初（3 月 2 日）。在此期间芽开始膨大的报春植物还有迎春花、山桃、珍珠梅和贴梗

———————————

① 附图 1 至附图 24 均在书末附录 6。

表 2.2 各季节内不同物候现象出现的频数

物候现象	春季				夏季			秋季			冬季		总计
	早春	初春	仲春	晚春	初夏	仲夏	晚夏	初秋	仲秋	晚秋	初冬	隆冬	
芽开始膨大期	25	31	39									1	96
芽开放期	10	20	57										87
展叶始期		2	93	6	1								102
展叶盛期			72	11	4								87
花序或花蕾出现期	4	8	54	9	7								82
开花始期	1	4	45	9	23	7	1		1				91
开花盛期	1	1	35	10	22	9	1		1				80
开花末期		1	33	14	29	9	4	5	1				96
第二次开花期							1		1				2
果实成熟期				1	2	5	10	14	8				40
果实脱落开始期				3	3		2	3	4				15
果实脱落末期				1	1				3				5
叶开始变色期							1	19	78				98
叶全部变色期									52	12			64
开始落叶期							1	7	79				87
落叶末期									37	52	9		98
季节总计	41	67	428	64	92	30	21	48	265	64	9	1	1130

海棠。率先进入芽开放期是毛白杨，其越冬花芽顶端开裂，柔荑花序从鳞片间探出毛茸茸的头来（2 月 28 日），接下来是旱柳（3 月 5 日）和龙爪柳（3 月 8 日）的芽开放。早春最为引人注目的物候现象是耐寒的蜡梅绽放出淡黄色紫芯或黄芯的小花（2 月 25 日），大约一周后，便进入了开花盛期（3 月 4 日），清香四溢，沁人心脾。偶尔还会见到蜡梅花期巧遇春雪的降临，轻黄缀雪的景色更加令人赏心悦目。待到杏（3 月 11 日）、玫瑰（3 月 11 日）和蒙椴（3 月 12 日）芽开始膨大之时，早春便进入了尾声。

2. 初春

初春时节发生的物候现象明显增多，景观季相的特征是：草木萌动，春花初显。在短短的 11 天内（3 月 13 日—3 月 23 日，表 2.1），共有 67 种物候现象发生，占整个春季的 11.2%。初春的物候现象仍然以芽开始膨大和芽开放为主，二者占本季节内所有物候现象的 76.1%（51 种，表 2.2）。

加拿大杨、郁李、连翘（附图 3）、平枝栒子芽开始膨大和绦柳芽开放（附图 4）是初春到来的标志。由于不同植物芽的形态各异，芽开始膨大期的判断标志亦不尽相同。加拿大杨、郁李和连翘的芽都具有多层鳞片，其芽开始膨大日期以芽鳞彼此错开，现出新鲜的线状或角形痕迹为准，而平枝栒子的芽很小，当看到芽表开始现出黄绿色之时，即为芽开始膨大期。在此期间，虽然一些本土的草本植物近地面部分已经开始泛绿，但仍是"草色遥看近却无"的景象，树木中除绦柳倒垂的枝条远观可见嫩绿成线之外，其余的树枝仍春意未显。初春时节最为令人惊艳的植物物候是榆树（3 月 17 日）、迎春花（3 月 17 日）、毛白杨（3 月 18 日）和山桃（3 月 22 日）的开花。榆树的花很小，不易察觉，当紫红色的花药伸出花被，用手一弹即散发出黄色的花粉时，就是它的开花始期；浓黄的迎春花色彩鲜明，恰似原野中的黄蝶，飞舞在春风之中；浅粉或洁白的山桃花虽然略显单薄，但恰与旱柳现出黄绿色花序的时间相遇，呈现出"桃红柳绿"的景色。相比之下，毛白杨通常树体高大，花朵很小，不易接近观察，但抬眼望去，当个别的柔荑花序从僵硬的状态变成松散下垂随风摆动之时，即是它们开始开花、散出黄色花粉的征兆，并很快进入开花盛期（3月20日）。此外，华北落叶松、西洋接骨木、山茱萸、连翘、旱柳和辽梅山杏也开始现出花序或花蕾，蓄势待开。当玉兰密被淡灰黄色长绢毛的花萼从冬芽的鳞片中凸现出来、小叶杨鲜红色的柔荑花序倒垂于枝头、西洋接骨木的小叶开始平展之时，初春季节就结束了。

3. 仲春

植物物候的仲春是一年中物候现象最为丰富多彩的时段，景观季相的特征是：万紫千红，嫩绿鹅黄。在这32天的时间里（3月24日—4月24日，表2.1），发生的各种物候现象多达428种，平均每天大约有13种物候现象出现，占整个春季的71.3%，占全年物候现象总数的37.9%。观察到的物候现象包括芽开始膨大期、芽开放期、展叶始期和展叶盛期、花序或花蕾出现期、开花始期、开花盛期和开花末期共8种，其中，发生频数最高的是展叶始期，占本季节内所有物候现象的21.7%，其次是展叶盛期，占16.8%。然而，如果按照萌动期（包括芽开始膨大期和芽开放期）、展叶期（包括展叶始期和展叶盛期）和开花期（包括花序或花蕾出现期、开花始期、盛期和末期）予以划分，则开花期的物候现象最多，占39.0%（167种）；展叶期次之，占38.6%（165种）；二者合计占仲春时节发生的物候现象总数的77.6%（表2.2）。

在仲春伊始，山茱萸伞形花序中舌状披针形的黄色花瓣打开，伸出椭圆形的花药，活泼动人（附图5）。恰逢此时，加拿大杨现出

"长虫"状紫红色被毛的花序，倒钩于枝头（附图 6）。华北落叶松短枝上呈簇生状的幼嫩针叶开始延长至 1～2 毫米，进入了展叶始期。随后，有 44 种树木先后绽放春花，35 种树木花朵盛开，33 种树木落英缤纷，演奏出一曲"万紫千红结队来"的"交响乐"（表 2.2）。以具有显著季相指示意义和观赏价值的开花始多年平均发生日期为序，首先开花的是连翘（3 月 28 日），它与迎春花的花朵虽然都是黄色且花冠形状相似，但其多年平均发生日期却比迎春花晚了约两周。从形态上看，连翘的茎丛生直立，枝条呈褐黄色，舒展开阔，花瓣较长，花冠 4 裂；而迎春花的枝条呈绿色，铺散下垂或呈匍匐状，花瓣较短，花冠 5～6 裂。接下来绽开花瓣的是辽梅山杏和玉兰（3 月 30 日），前者的花形似梅，每朵粉红色重瓣花的花瓣 30 余枚，清香袭人，素有"北方梅花"的美誉；后者花冠大而舒展，色白如玉，基部常显粉红色，气味似兰，芳香淡雅。此外，先后开花的还有"红红白白一树春"的杏（4 月 1 日），花冠外表为紫红色、内侧为白色、呈漏斗状钟形的紫玉兰（4 月 5 日），繁花锦簇的榆叶梅（4 月 6 日），猩红耀眼的贴梗海棠（4 月 7 日），花香浓郁的紫丁香（4 月 7 日）、白丁香（4 月 10 日）和花叶丁香（4 月 14 日），娇艳俏丽的大山樱（4 月 8 日）和东京樱花（4 月 14 日），蝶形小紫花环抱的紫荆（4 月 10 日），富丽繁荣的西府海棠（4 月 14 日）和二色桃（4 月 14 日），等等。比较少见的文冠果（4 月 21 日）在仲春的晚期开花，其花朵娇小，花冠略呈喇叭状，外观为白色，内侧的基部具黄色或红色的斑纹，精致而淡雅，由数十朵小花组成的总状花序舒展开来，形成花团锦簇的姿态。值得注意的是，虽然有 50% 的春花树木集中在仲春开花（45 种，表 2.2），但春花树木的花期一般只有 1～2 周，最佳观赏期更是转瞬即逝，赏花必须当其时。在文冠果开花始大约 3 天之后，黄刺玫、鸡树条荚蒾和紫藤相继开花，紫藤的小花为蝶形，花冠由 5 枚花瓣组成，位于最上面立着的 1 枚称为旗瓣，其两侧平展的 2 枚称为翼瓣，其下内含的 2 枚称为龙骨瓣，而缀满蓝紫色小花的总状花序倒垂下来，恰似一串串成熟的葡萄，且清香袭人。在看到这 3 种植物开花之际，仲春季节也就进入尾声了。

4. 晚春

相对于仲春而言，晚春物候变化的节奏明显减缓，景观季相的特征是：绿肥红瘦，白絮纷飞。在 11 天（4 月 25 日—5 月 5 日，表 2.1）的时间内，共发生植物物候现象 64 种，平均每天大约有 6 种物候现象出现，占整个春季的 10.7%。这些物候现象以开花期（包括花序或花蕾出现期、开花始期、开花盛期和开花末期）最多，约占季节内所有物候现象的 65.6%（42 种），但绝对数量却仅相当于仲春开花期物候现象的 1/4，表明目不暇接的春季花潮已进入尾声。其次是展叶期（包括展叶始期和展叶盛期），占 26.6%（17 种），约为仲春展叶期物候现象数量的 1/10（表 2.2）。然而，截至晚春的终日，已经有 99% 和 95.4% 的树木完成了展叶始期和盛期，开始形成绿叶封冠的植物群落外貌。

指示晚春开始的物候现象是油松（附图 7）与荆条展叶始、榆树果实成熟（附图 8）和油松开花始。虽然在晚春季节进入开花始期的树木只有 9 种，但它们的花在形态和色彩上极具特色，给人以稀缺的美感。油松在晚春的第一天开花，其雄球花散出的花粉开始随春风散落，形成一股股黄色的烟雾，如遇润物细无声的春雨，则会被打落到土壤表面，形成一片片黄色的花粉斑痕。国色天香的牡丹花艳冠群芳（4 月 26 日），它那丰满的花容、富贵的姿态和绚丽的色彩，呈现出欣欣向荣的景象。牡丹花的色彩多样，常见的品种有红色的"掌红案"、粉色的"瑶池春"、紫色的"大魏紫"、黄色的"姚黄"和白色的"梨花雪"等，它们开花的日期大致相同。随后进入开花始期的树木有粉红色的锦带花（4月28日）、淡紫色的楸树花（4月28日）、肉粉色的猬实花（4月29日）、白玉色的刺槐花（4月30日）、先白后黄的金银忍冬花（4月30日）以及白色的山楂花（5月4日）。其中，刺槐蝶形小白花组成的总状花序隐现于绿叶丛中，香气清甜，最为引人注目。其余发生的物候现象还有榆树的果实（榆钱）开始由浅绿色变为成熟的白黄色（4月25日）且脱落（4月28日），旱柳（4月27日）和绦柳（4月30日）的蒴果开始裂开并吐出外被白色柳絮的种子随风飞扬，以及旱柳种子脱落终了（5月2日）。待到晚春结束之时，半常绿匍匐状灌木平枝栒子开始绽开花瓣（5月5日），其粉红色小花的花冠长度只有3～5毫米，由于小花多生于革质绿叶的叶腋，花和叶整齐地排列在枝条的两侧，形成红花绿叶相依相伴的美感。大致同时，珍珠梅的圆锥花序上现出珍珠状的白色花蕾，玫瑰的紫红色花蕾也从花苞顶端凸现出来，这意味着物候的夏季即将来临。

第 2 节　绿色深沉的夏季

植物物候的夏季开始于5月6日，结束于9月10日，历时128天。在约4个月的时间内，只有143种物候现象发生，占全年物候现象总数的12.7%（表2.2）。由于大部分植物的花期已过，绿树成荫，夏季是一个景观季相稳定少变且色彩单调的时期。然而，这种以绿色为基调的单调景象不同于色彩灰黄、枝丫裸露的冬态，属于植物生命活动季节性变化的一种高层次的单调。仔细地观察可以发现，不同时段景观季相存在着细微的差别，在初夏还形成一个仅次于仲春的开花高潮，到了仲夏和晚夏，开花的树木明显减少。整个夏季的景观以绿色为背景，但落叶阔叶植物群落的外貌经历着一个从嫩绿、浓绿到苍绿的缓慢变化过程。同时，当植物的叶片长大至成年叶片的面积时，标志着植物群落进入旺盛的光合作用期、二氧化碳吸收期和水分蒸腾期。

1. 初夏

初夏时节，植物群落的外貌从喧闹的花开花落进入宁静深沉的绿色，虽然仍有不少的树木相继开花，但都掩映在这绿色的"波涛"之中，景观季相的特征是：繁花绿叶相映好。该季节从5月6日到6月12日，历时38天（表2.1）。其间发生的物候现象有92种，占整个夏季的64.3%，其中与开花有关的物候现象81种，占季节内所有物候现象的88%（表2.2）。从初夏开花物候现象发生的绝对数量上来看，仅次于仲春的167种，在12个二级季节中，属于第二个开花的高潮期。然而，从开花物候现象发生的频数上来看，初夏平均每天发生的开花物候现象仅为2.1种，明显少于仲春的5.2种和晚春的3.8种。

在初夏期间进入开花始期的树木，其花朵一般较小，色彩也并不十分艳丽。初夏第一天（5月6日）鼠李和楸树落英将尽，而金银忍冬（附图9）、刺槐（附图10）和猬实则正值开花盛期。在随后的整个5月，白色的花占绝对的优势，如四照花（5月7日）、毛梾（5月10日）、海仙花（亦有紫红色花，5月11日）、七叶树（5月15日）、太平花（5月16日）、北京丁香（5月20日）和黄金树（5月24日）。此外，还有黄花的柿树（5月14日）和桂香柳（5月15日），淡绿色花的白杜（5月20日）、臭椿（5月22日），白色花的火炬树（5月30日），黄绿色花的酸枣（5月26日）和枣（5月27日）。唯一能显示出春季余韵的是紫红色的玫瑰（5月14日），其花单生或数朵簇生，花朵大且娇艳芬馥。到了6月，开花的树木更加稀少，有淡黄色花的栗（6月2日）和栾（6月3日），白花的蒙椴

（6月8日）和珍珠梅（6月2日），蓝紫色花的荆条（6月3日），等等。初夏期间，以合欢的花最为引人注目（6月11日），合欢属落叶乔木，其雄蕊的粉红色花丝细长，可达3～4厘米，基部合生，顶部散开，形似马铃上的红缨，故又得名"马缨花"，它在炎热的夏日散发出一阵阵温馨的清香。与春花植物花期短且只有一个花潮不同，一些夏花植物如荆条、珍珠梅、合欢的花期可以持续数月，形成多个此起彼伏的花潮，它们开花始期和开花盛期的确定通常以第一个花潮为准。当合欢树冠上部开始显现马缨状的粉红色花丝时，就预示着初夏即将结束。

2. 仲夏

植物物候的仲夏从6月13日开始至8月17日结束，共66天，在夏季的3个次级季节中持续时间最长（表2.1）。该季节是一年中气温最高且降水量最多的时期，在高温多雨的气候条件下，大多数树木的叶片变为浓绿，正是植物光合作用最为旺盛的时期，也是植被固定大气二氧化碳和形成初级生产量的关键时期。总共有30种物候现象发生，占整个夏季的21%，其中与开花有关的物候现象25种，果实成熟物候现象5种（表2.2）。因为开花物候现象的数量不及初夏的1/3，平均每2.6天才出现一种，所以景观季相的特征是：万绿丛中几点红。

进入仲夏的指示物候是栾树开花盛（6月13日，附图11），随后是蒙椴开花盛（6月15日）、美国凌霄（6月16日，附图12）和孩儿拳头（6月17日）开花始。美国凌霄属攀缘藤本，花萼钟形，花冠内面鲜红色，外面橙黄色，长约5厘米，在茂盛的绿叶衬托下，显得格外醒目耀眼。在此期间进入开花始期的夏花树木还有梧桐（6月20日）、木槿（6月28日）、紫薇（7月1日）、槐（7月13日）和龙爪槐（7月15日）。在这些花朵之中，形色最美的当属紫红色花的木槿和粉红色花的紫薇，二者都是落叶灌木或小乔木，花期长度均在两个月以上。不同的是木槿的花单生于枝端叶腋间，变种和变型较多，花钟形，色彩有纯白、淡粉红、淡紫、紫红等；而紫薇树姿优美，树干光滑洁净，花色艳丽，花瓣圆形有皱纹，常组成顶生圆锥花序，有"盛夏绿遮眼，此花红满堂"的赞誉，因花期长，又有"百日红"之称。此外，黄刺玫近球形的果实开始由青绿色变为成熟的鲜红色（6 月 19 日），最终变成紫褐色或黑褐色；杏的果实则由青绿色变成浅黄色（6 月 22 日）；蜡梅的蒴果成熟时变成土黄色，长 2～3 厘米，外被绢丝状毛，内含数粒黑褐色的瘦果（7 月 3 日）；臭椿的翅果呈纺锤形，未熟时为嫩黄色，成熟时变为淡褐黄色或淡红褐色（8 月 10 日）；紫丁香的蒴果呈倒卵状椭圆形，长 1～2 厘米，宽 4～8 毫米，成熟时变成棕褐色（8 月 11 日）。仲夏季节以锦带花的开花末（8 月 15 日）作为即将结束的物候标志。

3. 晚夏

植物物候的晚夏从 8 月 18 日开始至 9 月 10 日结束，历时 24 天（表 2.1）。在此期间，植物群落外貌虽然看上去与仲夏差别不大，但植物的叶片在经历了高温、高湿条件下的旺盛生长和强烈的新陈代谢之后，变成了苍绿的颜色，并随着每天日照时数的逐渐减少和气温波动性的降低而慢慢衰老。晚夏发生的物候现象只有 21 种，占整个夏季的 14.7%。其中，果实成熟和脱落物候现象 12 种，占整个晚夏物候现象总数的 57.1%；开花物候现象 7 种；叶开始变色物候现象 1 种，开始落叶物候现象 1 种（表 2.2）。总的来看，景观季相的特征是：嘉荫蔽日花踪寥。

晚夏开始的第一天，龙爪槐白色的蝶形花已是花落殆尽（8 月 18 日，附图 13），随后相继进入开花末期的有槐（8 月 25 日）、美国凌霄（8 月 29 日）和紫薇（9 月 7 日）。在这万花纷谢的时节，一种豆科灌木杭子梢悄悄然开放出紫红色或近粉红色的蝶形小花（8 月 25 日），并在大约两周后达到开花盛（9 月 7 日），而海仙花则在沉寂了 3 个多月后第二次绽放（9 月 1 日）。不同树木果实成熟时的形态与色彩各异，独具观赏价值的是栾树状似灯笼的褐色圆锥形蒴果（8 月 22 日，附图 14）、刺槐由绿色经紫红色变为成熟的褐色并逐渐脱水干化的荚果（8 月 24 日）、四照花红色的球形聚合果（8 月 25 日）和枣暗红色椭圆形的核果（8 月 26 日）。此时虽秋风仍未至，但黄金树却以其十分耀眼的金黄叶色（8 月 25 日），流露出秋天的信息；栾树的"灯笼果"开始变得干枯并坠落到地上，剥开其果瓣，内有数粒球形的种子，呈黑褐色且已经变硬（9 月 2 日）；枫杨具双翅的坚果由绿变黄再变褐枯，并缓缓地旋转着从树上飘落下来（9 月 4 日）。及至北京丁香和荆条的果实成熟之际（9 月 10 日），植物物候秋季的脚步便越来越急促了。

第 3 节　色彩斑斓的秋季

植物物候的秋季从 9 月 11 日开始到 11 月 20 日结束，历时 71 天，是物候四季中最短的季节。在此季节内，共有 377 种物候现象发生，占全年物候现象总数的 33.4%，仅次于春季。可见，它是除春季之外另一个景观季相迅速变化的季节，植物群落外貌经历由浓郁葱茏，到层林尽染，再到落木萧萧的演变过程。与此同时，许多树木的果实也渐渐变成了成熟的颜色并脱离枝干，回归大地。

1. 初秋

植物物候的初秋十分短促，在 9 月 11 日至 9 月 25 日的 15 天内（表 2.1），共有 48 种物候现象发生，占整个秋季物候现象总数的 12.7%，以果实成熟期、果实脱落开始期、叶开始变色期和开始落叶期为主，它们的出现频数占初秋物候现象总数的 89.6%（43 种），还有 5 种树木进入开花末期（表 2.2）。景观季相的特征是：果实累累，叶色初染。

初秋伊始，七叶树球形的蒴果变为成熟的黄褐色（9 月 11 日，附图 15），紫红色的木槿落花凋零（9 月 12 日），白蜡树和蒙椴叶开始变色（9 月 12 日，附图 16）。随后，演绎出一连串果实成熟–脱落与叶变色–落叶交织的图景，并穿插着棣棠（9 月 18 日）、海仙花（9 月 20 日）、杭子梢（9 月 21 日）和珍珠梅（9 月 22 日）进入开花末期。各种树木成熟的果实色彩鲜艳且形态多样，最具观赏美感的是红色的果实，如玉兰（9 月 14 日）粉红色呈奇形怪状的蓇葖果，酸枣（9 月 15 日）、孩儿拳头（9 月 15 日）、山茱萸（9 月 22 日）红色的核果，平枝枸子（9 月 18 日）、山楂（9 月 19 日）红色的梨果，白杜（9 月 22 日）粉红色呈四棱状的蒴果，唯独银杏（9 月 21 日）是橙黄色的核果。形态独特的果实有白蜡树呈倒披针形的黄褐色翅果、鸡麻黑色油亮的斜椭圆形核果、合欢黄褐色呈豆荚状的荚果、侧柏蓝绿色且被白粉的近卵圆形球果和元宝槭的黄褐色双翅果。及至初秋的后期，3 种植物的果实脱落非常可观：当侧柏的球果成熟时，种鳞已经木质化，裂开后露出数粒红褐色且具有棱脊的长圆形种子，随后便无声地缓缓脱落下来（9 月 21 日），整个脱落过程可持续几个星期；而栗的坚果成熟时，仍呈黄绿色，布满锐刺，一旦裂开便可见到褐色的栗子，顶端常具短柔毛，不久就一颗颗地应声而落（9 月 21 日），拾起既可品尝，亦可放干留作秋天的纪念；白皮松的球果呈淡黄褐色，种子呈灰褐色（9 月 24 日），虽然数量不多，但也为松鼠和鸟类等园中的小动物准备好了越冬的食物。

看惯了夏绿的树冠，秋叶就显得分外耀眼，其发生的时间易于记录。植物生理生态学的研究表明，随着日照时数的缩短和夜间温度的降低，植物终止叶绿素的生产，使叶片中的叶绿素水平降低，类胡萝卜素逐渐显现出来，从而导致叶片由绿变黄或变褐，而一些树木则在叶绿素大量损失之前便生产出花青素，导致叶片由绿变红或变紫。初秋时节，有 19 种树木的叶子开始自然地转变颜色，仔细观察可以发现，叶片颜色的变化是一个缓慢的过程，往往先从叶缘或叶脉开始形成局部黄色或红色的斑纹和斑块，随后色斑面积逐渐扩大，直至整片叶子变成黄色或红色。阔叶树木中"点燃"秋色的有黄叶的白蜡树（9 月 12 日）、蒙椴（9 月 12 日）、白桦（9 月 16 日）、枫杨（9 月 18 日）、紫藤（9 月 21 日）、杂种鹅掌楸（9 月 25 日）等，红叶的火炬树（9 月 17 日）、平枝栒子（9 月 24 日）等，棕褐叶的一球悬铃木（9 月 23 日）、玉兰（9 月 25 日）等。人们通常认为常绿针叶树是没有叶变色期的，实际上，各种柏树和松树的部分针叶都会在秋冬季节变成黄色或褐色，侧柏的叶开始变色期就发生在初秋（9 月 12 日）。一般来说，叶变色是叶片衰老开始的标志，其后不久，叶片与韧皮部的养分联系便会被切断，使叶片开始脱落，蒙椴、侧柏、枫杨、白蜡树、白桦、贴梗海棠和臭椿的叶开始变色和开始落叶均发生在初秋，这两个物候现象发生日期之间的平均期距为 2 ～ 12 天。

2. 仲秋

植物物候的仲秋是一年中景观季相变化速率仅次于仲春的一个季节，在 41 天（9 月 26 日—11 月 5 日，表 2.1）的时间里，共有 265 种物候现象发生，平均每天有 6.5 种物候现象出现，占秋季物候现象总数的 70.3%，占全年物候现象总数的 23.5%。其中，叶变色（包括叶开始变色和叶全部变色）和落叶（包括落叶始和落叶末）物候现象就占了该季节物候现象总数的 92.8%（表 2.2）。因此，仲秋景观季相的特征是：色彩斑斓，秋叶飘落。

仲秋到来之日（9月26日），正值黄刺玫、栾树、加拿大杨、银杏（附图17）、西洋接骨木、柿树（附图18）的叶开始变色和北京丁香果实脱落开始，紧随其后在9月底先后进入叶开始变色期的树木尚有12种。这些树木的大部分叶色变黄，高大的乔木中包括栾树、加拿大杨、银杏、刺槐、枣、楸树、毛泡桐和桑。其中，叶片形态独特且色彩鲜艳的有形如扇面、叶色淡黄的银杏，羽状复叶、叶色金黄的栾树。相比之下，叶色变红的树木较少，有卵状椭圆形、殷红色叶片的柿树（9月26日），卵圆形、粉红色叶片的白杜（9月28日），椭圆形、洋红色叶片的紫薇（9月29日），线形、锈红色叶片的水杉（9月30日），形成"数树深红出浅黄"的景象。

进入10月以后，共有60种树木的叶片竞相染色，多姿多彩，堪比万紫千红的仲春。最具代表性的有：椭圆形、殷红色叶片的四照花（10月2日），掌状5裂、黄红色叶片的元宝槭（10月9日），卵圆形、鲜红色叶片的黄栌（10月12日），以及木质藤本、红色掌状复叶的五叶地锦（10月2日）和紫色奇数羽状复叶的美国凌霄（10月10日）。仲秋时节天高气爽，风力不大，但随着日照时数的减少和气温的降低，许多树叶在叶柄处开始形成离层，导致叶片在变成秋色后不久便无风自落，乃至叶落冠疏。因此，只有部分树木会经历从叶开始变色到叶全部变色的完整演变过程，使绚秋的效果达到极致。其中，整个树冠变成繁盛的黄色或棕褐色的高大乔木有黄金树（10月1日）、白蜡树（10月10日）、蒙椴（10月10日）、白桦（10月12日）、栗（10月23日）、银杏（10月23日）、栾树（10月27日）、华北落叶松（10月27日）、小叶杨（10月30日）、银白杨（10月30日）、玉兰（10月31日）、一球悬铃木（11月1日）、加拿大杨（11月1日）、杂种鹅掌楸（11月4日）、七叶树（11 月 4 日）等；而满树红叶的则有火炬树（10 月 13 日）、五叶地锦（10 月 16 日）、紫薇（10 月 21 日）、柿树（10 月 21 日）、元宝槭（10 月 28 日）、黄栌（10 月 29 日）、白杜（11 月 3 日）、四照花（11 月 5 日）等。随着最早几场冷空气的侵袭，变色的叶片加快衰老，率先叶开始变色和叶全部变色的树木往往也较早地落叶殆尽，主要观叶树种进入落叶末期的大致顺序如下：白桦（10 月 16 日）、白蜡树（10 月 16 日）、蒙椴（10 月 17 日）、黄金树（10 月 18 日）、火炬树（10 月 22 日）、柿树（10 月 26 日）、五叶地锦（10 月 28 日）、枫杨（10 月 31 日）、栗（10 月 31 日）、栾树（11 月 1 日）、银杏（11 月 5 日）、紫薇（11 月 5 日）等。

在此期间，几种树木的果实成熟显著提升了仲秋美感的层次。其中，最具观赏性的是金银忍冬成熟的浆果（9 月 27 日），其状似"红豆"，颜色鲜红，在阳光的映照下玲珑剔透、娇艳欲滴。这种圆形小红果的观赏期可以延续 1 个多月的时间，直至秋末冬初，如果恰逢初雪降落，覆盖着洁白雪花的红果更显得分外艳丽。随后是柿子的成熟（9 月 28 日），柿树橙黄色的果实藏于绿叶和红叶之间，在无人采摘的情况下，可以存留在树上直到叶片落尽，那时，它们像一盏盏小灯笼高高地挑在枯枝之上，俯瞰着凋零的园林。此外，西府海棠的果实在 9 月 29 日前后成熟，其颜色黄里透红，状似小苹果，通过细长的果柄悬挂于树梢之上，格外俏丽动人；鼠李的果实在 10 月 1 日前后成熟，其核果紫黑色，用手指轻捏便有果浆渗出。在这众多树木叶落冠疏的时节，居然还有一种高大的常绿乔木——雪松开始了其生殖生长，雪松的雄球花呈紫红色，近圆柱状，挺立于侧枝上，长 4～5 厘米，径约 1 厘米，待其开花时（10 月 20 日），用手指轻弹便会散发出浓浓的黄色花粉，其花期约 11 天，到 10 月底花粉才散尽。

3. 晚秋

植物物候的晚秋从 11 月 6 日开始到 11 月 20 日结束，历时仅 15 天（表 2.1），共有 64 种物候现象发生，占整个秋季的 17.0%。其中，以落叶末期（紫丁香落叶末见附图 19）为主，占该季节物候现象总数的 81.3%（52 种）；其余是叶全部变色期（四照花叶全部变色见附图 20），占该季节物候现象总数的 18.8%（12 种，表 2.2）。因此，晚秋景观季相的特征是：层林尽染，落木萧萧。

晚秋时节树木呈现的叶全部变色现象可谓一年中落叶植物群落冠层外貌"落幕"前最后的辉煌，占全年叶全部变色物候现象总数的 18.8%，而最具秋色指示性的是黄叶的大叶朴（11 月 7 日）、旱柳（11 月 9 日）、杏（11 月 11 日）、绦柳（11 月 12 日）和槐（11 月 12 日）等，红叶的水杉（11 月 8 日）、木瓜（11 月 8 日）和平枝栒子（11 月 10 日）。相比之下，晚秋发生的落叶末现象则占全年落叶末物候现象总数的 53.1%，随着呼啸的偏北风的阵阵侵袭，叶片在狂风中飞舞，最终落叶归根。对于那些呈现过绚烂的叶全部变色的树木而言，其落叶格外令人依依不舍。在冬季风活动正常的年份，银杏从黄叶覆冠到落叶殆尽（11 月 5 日）可以持续 2 个星期左右，形成"黄金画屏"或"金塔孤影"等独特景观，即使在叶落冠疏之时，仍可欣赏到地面上一片片黄色的扇叶；元宝槭的红色或黄色树冠也可以保持约 2 个星期，落叶末期在 11 月 10 日左右，而散落在地上五角星形状的枫叶美观亮丽，可供人们拾起放在书页之间，留作秋的记忆；与元宝槭大致同步经历叶全部变色和落叶末的黄栌是闻名遐迩的"香山红叶"的主要造景植物，其倒卵形的鲜红叶片也是人们乐于收集的秋的记忆；一球悬铃木满树的阔卵形棕色叶片一般可保留 2～3 个星期，但也有一些干枯的叶片会"宿存"在枝条上度过严冬，直到来年的春季才逐渐脱落。值此一球悬铃木、鸡树条荚蒾、平枝栒子、西府海棠落叶殆尽之时，植物物候的秋季就结束了。

第 4 节　万木萧疏的冬季

植物物候的冬季开始于 11 月 21 日，结束于 2 月 13 日，为期 85 天（表 2.1），是四季中持续时间长度仅次于夏季的季节。在此期间发生的物候现象共 10 种（表 2.2），占全年物候现象总数的 0.9%。由于几乎所有落叶树木均呈现出色彩灰黄、枝丫裸露的冬态，冬季是一个景观季相单调而寂静的时期。不过，在初冬伊始和隆冬即将结束之时，偶尔出现的降雪天气会形成皑皑白雪的覆盖，雪后西望，可见"燕京八景"之一的"西山晴雪"景色，从而暂时打破了整个冬季一派萧索的格调。此外，喜鹊和灰喜鹊等鸟类在林中的飞行和漫步、松鼠的奔跑和攀缘，也给寂静的园林增添了些许动感和活力。

1. 初冬

进入初冬，日平均气温开始稳定低于 0℃，正是"朔风扣群木，严霜凋百草"的时节，凛冽的北风与风中飘零的残叶给人一种"风卷霜林叶叶飞"的感受。初冬季节开始于 11 月 21 日，结束于 12 月 3 日，共 13 天（表 2.1）。总共只有 9 种物候现象发生，且全部都是落叶末（表 2.2）。景观季相的特征是：水落山瘦，霜叶凋零。

指示该季节开始的物候现象是迎春花、棣棠和槐（附图 21）的落叶末（11 月 21 日）。随后，挺拔的水杉脱去一身锈红色的秋装（11 月 23 日，附图 22），仲春的观花植物鸡麻（11 月 24 日）的零星残叶在风中瑟缩。到了初冬即将结束之时，龙爪柳（11 月 26 日）、蜡梅（11 月 26 日）、绦柳（11 月 27 日）和桂香柳（11 月 30

日）先后进入落叶末期，宣告整个国家植物园的四季物候演变落下了帷幕。

2. 隆冬

植物物候的隆冬开始于 12 月 4 日，结束于翌年的 2 月 13 日，共 72 天，景观季相的特征是：河湖封冻，万木萧疏。在这两个多月的时间里，国家植物园内的几个人工湖全部结冰，冰面光滑如镜，倒映着西面和北面沉寂的群山，虽然只有蜡梅的芽开始膨大（2 月 7 日，附图 23）这一种植物物候现象发生，却给人以"冬天来了，春天还会远吗"的遐想。然而，由于蜡梅的花芽很小，只有近距离地仔细观察，才能发现其花芽鳞片间的黄色新痕，它们的悄然发生并未改变隆冬整体上"万木萧疏"的景象。国家植物园的初雪见附图 24。

第 5 节　植物物候的色彩美

树木之美，大致分为形态美、色彩美和风韵美 3 种 [12]，而植物的物候变化主要反映植物随不同季节而呈现的色彩美和形态美。按照植物观赏部位的不同可以将其分为观花植物、观叶植物和观果植物。当然，一种植物也可以同时具有观花、观叶和观果的多重功能。物候现象的色彩以花冠、果实和秋叶最为醒目，为了揭示各季节内所呈现的花朵、果实和秋叶的色彩组合特征，对植物的开花始期、果实成熟期和叶开始变色期按照其颜色进行了频数统计。在统计过程中，色彩观赏效果不显著的花朵和果实，以及夏季整个植物群落外貌的绿色背景，均未列入计算（表 2.3）。

在统计的 71 种观花植物中，花冠呈白色的最多，共 22 种，占 31.0%；呈黄色和粉色的次之，分别有 15 种（占 21.1%）和 14 种

表 2.3　各季节内不同颜色的花朵、果实和秋叶的出现频数

		春季				夏季			秋季			冬季		
颜色		早春	初春	仲春	晚春	初夏	仲夏	晚夏	初秋	仲秋	晚秋	初冬	隆冬	总计
花朵	粉色		1	9	3	1								14
	黄色	1		7	3	4								15
	白色			8		9	5							22
	紫色			5	1	1		1						8
	红色		1	2	1	1	2							7
	绿色					5								5
	总计	1	2	31	8	21	7	1						71
果实	黄色				1		3	2	4	4				14
	红色						1	4	7	2				14
	黑紫色					2			1	2				5
	褐色						1	4	2					7
	总计				1	2	5	10	14	8				40
秋叶	黄色							1	12	63				76
	红色								3	12				15
	褐色								4	3				7
	总计							1	19	78				98

（占 19.7%）；呈紫色的有 8 种，占 11.3%；呈红色和绿色的最少，分别有 7 种和 5 种，合计占 16.9%。在 40 种观果植物中，黄色和红色果实的植物各有 14 种，合计占 70%；褐色果实的植物有 7 种，黑紫色果实的植物有 5 种，合计占 30%。观叶植物共有 98 种，其中黄色的秋叶树木有 76 种，占 77.6%；红色的秋叶树木有 15 种，占 15.3%；褐色的秋叶树木有 7 种，占 7.1%。

春季是一年中开花种类最多、花色也最齐全的季节。早春时节，黄花的蜡梅独领风骚。初春只有两种植物开花，迎春花的黄花往往成片开放，远远望去，如黄蝶纷飞；而山桃的粉花（也有少量的山桃是白花）虽略显单薄，但春色斐然。仲春百花齐放，多彩多姿，观花树木有 31 种，花朵以粉色、白色和黄色的居多。其中，开粉花的有辽梅山杏、榆叶梅、紫叶李、大山樱、紫荆、西府海棠、二色桃、东京樱花、木瓜；开白花的有玉兰、杏、白丁香、郁李、鸡麻、西洋接骨木、文冠果、鸡树条荚蒾；开黄花的有山茱萸、连翘、元宝槭、锦鸡儿、紫叶小檗、棣棠、黄刺玫；此外，尚有开紫花的紫玉兰、紫丁香、花叶丁香、毛泡桐、紫藤以及开红花的贴梗海棠和三叶木通。晚春的观花树木只有仲春的 1/4 左右，花色以白色和粉色的较多，如开白花的刺槐、金银忍冬、山楂，开粉花的牡丹、锦带花、猬实；还有开紫花的楸树和开红花的平枝栒子。榆树白黄色的翅果也在晚春成熟。

初夏观花植物的种类（21 种）仅次于仲春，但花的颜色较为素淡，以白色花占明显优势（9 种），其次是绿色花（5 种）和黄色花（4 种）。开白色或黄白色花的有四照花、毛梾、海仙花、七叶树、太平花、北京丁香、黄金树、栗、珍珠梅；开淡绿色或黄绿色花的有白杜、臭椿、酸枣、枣、火炬树；开黄色花的有柿树、桂香柳、栾树、蒙椴；此外，还有开紫红色花的玫瑰、开蓝紫色花的荆条和开粉色花的合欢。仲夏和晚夏的观花植物稀少（共 8 种），包括开猩红色花的美国凌霄、开紫红色花的木槿、开粉红色花的紫薇、开白色花的槐、龙爪槐，开淡黄色花的孩儿拳头和梧桐，以及开淡紫色花的杭子梢。夏季还是果实成熟的时节，初夏以黑紫色大山樱的核果和桑葚尤为可观；仲夏有红色的黄刺玫球果，黄色的杏核果、蜡梅蓇果和臭椿翅果，褐色的紫丁香蓇果；晚夏最漂亮的是四照花、枣、鸡树条荚蒾和花椒的红色果实，蒙椴和梧桐的黄色果实，栾树、刺槐、北京丁香和荆条的褐色果实。同时，黄金树率先呈现出绚烂的金黄色秋叶，预示着秋天即将来临。

秋天的色彩由果实和秋叶所点缀，十分绚丽。初秋是果实累累的季节，以红色（或粉红色）果实的玉兰、酸枣、孩儿拳头、平枝枸子、山楂、山茱萸、白杜最为引人注目，其次是黄色果实的银杏、元宝槭、白蜡树、合欢，褐色果实的七叶树、侧柏，黑紫色果实的鸡麻。初秋还是叶色初染的季节，较早显露秋色的多为黄色叶片的树木，如白蜡树、蒙椴、白桦、枫杨、臭椿、紫藤、毛梾、杂种鹅掌楸等；叶色变红的有大山樱、火炬树、平枝枸子，其中火炬树在渲染秋色方面的效果尤为突出，在叶开始变色大约 4 周后便满树殷红，格外耀眼；叶色变褐的有一球悬铃木、胡桃、玉兰等。仲秋是秋叶争奇斗艳的时段，共有 78 种树木的叶片由绿色变成黄色、红色或褐色，其中以黄叶树种的比例最大，占本季节内各种叶开始变色树种的 80.8%。高大树木黄叶所传递出的秋的信息，最易于被肉眼捕捉，绚秋的效果往往也最为显著，远而观之，令人心旷神怡。代表性的树木有栾树、银杏、小叶杨、大叶朴、毛白杨、梧桐、银白杨、钻天杨、榆树、槐、旱柳、绦柳、龙爪柳等，它们或独揽秋色，如宿根花卉园中和卧佛寺内的银杏、澄明湖南岸的古槐、海棠园入口处的毛白杨；或群体造景，如绚秋园中成片的栾树林和银杏林、绚秋园北部小湖东岸的绦柳林等植物景观。其次是红叶树种，最著名的当数黄栌和元宝槭，它们不仅装点着山前的园林，而且红遍国家植物园北面的寿安山和西面的香山。此外，还有柿树、白杜、紫薇、水杉、山茱萸、四照花、五叶地锦、鸡树条荚蒾、美国凌霄、木瓜等。其中，形成鲜明红叶景观的是黄叶村西侧小湖北岸的水杉林，它们塔状的树形，笔直的树干，配以锈红色的秋叶，倒映在清澈的湖水中，恰似一排静美的屏风，伫立在岸边，远远望去，与寿安山上的红叶浑然一体，秋色绝佳。到了晚秋，绝大多数落叶树木已叶全部变色，其色彩组合特征与仲秋相似，满树金黄的乔木有大叶朴、山桃、蜡梅、旱柳、杏、绦柳、槐等，红叶覆冠的植物有水杉、木瓜、平枝枸子等，是观赏秋色的最后时机。

进入初冬，残余的几种夏绿乔灌木相继叶落殆尽，整个景观色彩呈现一派苍黄并一直延续到整个隆冬。

第6节　植物物候与树木冻害

2009 年 11 月至 2010 年 4 月，北京市经历了 21 世纪前 10 年最为寒冷的冬季和春季。根据对北京市气象数据的统计分析，该期间平均气温比 21 世纪前 9 年同期平均气温偏低约 2.6℃，日最低气温平均值也比 21 世纪前 9 年同期偏低约 1.9℃。同时，日平均气温和日最低气温＜0℃天数的频率则比 21 世纪前 9 年平均值分别增加 9.6% 和 9%。这样的寒冷天气对北京市的观赏植物越冬和春季复苏生长产生了深刻的影响，使许多植物受到不同程度的冻害。在农业气象上，冻害通常是指 0℃ 以下气温引起的植物急骤伤害或死亡的现象。植物遭受冻害的微观机理是低温使细胞间隙的水分结冰，细胞因受冰晶的挤压而损伤。此外，冰晶在扩大过程中还会不断夺走细胞内的水分，使原生质失水凝结失去活力，致使整个细胞的内容物遭到破坏。通过对 2009—2010 年冬季、春季北京市植物园观赏植物遭受冻害情况的抽样调查分析，可以有效地评价受冻植物的冻害程度和等级，为今后的引种和冬季防冻措施的实施，提供必要的参考[17]。

实地调查的时间是 2010 年 6 月上旬至 7 月中旬，这主要考虑到大多数植物此时已经进入一年中的旺盛生长期，便于判断枝条实际冻死的情况和程度。除了少数几种树木以调查其叶片的数量来评价受冻害的等级外，大部分树种都是根据其死亡枝条的数量来评价受冻害的等级。具体的做法是，首先，根据当年植物受冻害的普遍性和程度，确定调查的植物种，常年发生的个别植株和个别枝条的抽条情况不纳入本次调查的范围。据此，共选择出 17 种观赏植物进行冻害调查。其次，对于确定调查的植物种来说，尽可能多地调查其在园内成年植株的受冻害情况，以便得到比较客观的结果，实际调查的树木总共 160 余株。最后，对于所有调查树木抽样统计其枝条冻死的比例或实际展叶数量占所有枝条上全部叶芽数量的比例。在此基础上，根据观测经验提出园林树木的冻害标准，以进行植物冻害等级的评价（表 2.4）。

表 2.4　园林树木冻害标准　　　　　　　　　单位：%

标　准	受害枝条 / 总枝条	实际展叶数量 / 全部叶芽数量
1 级	< 10	> 75
2 级	10 ～ 25	50 ～ 75
3 级	25 ～ 50	25 ～ 50
4 级	50 ～ 75	10 ～ 25
5 级	> 75	< 10

结果表明，在调查的 160 余株树木中，银杏、加拿大杨、龙爪柳、辽梅山杏、臭椿和柿树受冻害较轻，1/2 及以上植株的受冻等级是 1 级；小叶杨、旱柳、二色桃、鼠李受冻害稍重，1/2 及以上植株的受冻等级为 2 级；雪松、白皮松、紫叶李受冻害较重，30% 及以上植株的受冻等级为 3 级；受冻害最为严重的树种是鸡树条荚蒾、毛泡桐、紫薇和广玉兰，其 2/3 以上植株的受冻等级为 4 级至 5 级，甚至出现整株树木死亡的现象（表 2.5）。

值得特别关注的是，紫薇是调查中受冻害最为严重的树种之一，不仅受冻棵数多，而且受冻等级高。一些胸径 10 厘米以上的珍贵紫薇全株死亡，侥幸存活下来的植株主干已无新枝出现，而新叶多发于主干的基部，当年开花的数量不及常年的 1/3，甚至更少。紫薇属千屈菜科紫薇属落叶灌木或小乔木，是著名的观赏花卉树种，可作街景树和行道树，也可作桩景。紫薇喜暖，主产于中国华东、华中、华南和西南地区，在北方各省普遍栽培，由于在夏季开花且花期较长，弥补了北方夏花植物少的景观季相缺陷。国家植物园引种的紫薇，几乎每年都有抽条现象，程度不等，但在极端冬季低温的情况下，紫薇遭受严重冻害的事实表明，紫薇对于华北地区冬季极端低温非常敏感，耐寒性较差。为了减少其越冬的枝条和植株死亡率，提高其观赏价值，需要加强冬季的防护，可通过设置风障、有效的水肥管理和整形修剪等方法来实现。鸡树条荚蒾、毛泡桐和广玉兰虽然受冻等级也较高，但由于园内这 3 种树木的植株较少，调查结果的代表性不及紫薇。

除此之外，原分布于喜马拉雅山西部阿富汗至印度海拔 1500 ～ 3200 米地带的雪松，一般适于温和凉润的气候和排水良好的深厚酸性土壤条件，抗寒性较强，但其成年植株当年也遭受了较严重的冻害，受冻等级为 3 级的植株占 30%，个别高大的雪松甚至出现主干顶部和大部分侧枝完全死亡的情况，这可能与极端低温、强风和季节性干旱有关。因此，在北京栽种雪松，不仅应注意栽种的地形部位，避免栽种在沿西北—东南方向的迎风位置，而且应对幼树加强冬季防寒的保护措施，对成年植株也应根据每年冬季寒冷的程度，采取相应的防护措施，如设置风障和进行合理的水肥管理等。在调查过程中还发现，龙爪柳当年未见开花，旱柳、小叶杨、加拿大杨的开花数量甚少，说明极端寒冷的冬季会冻死这些树木的越冬花芽，从而影响到它们次年生殖生长的质量。从生长的位置来看，一些树木如雪松、白皮松、紫叶李和小叶杨中冻死枝条最多的植株都生长在风口的位置，表明其冻害与冬季寒风抽打导致的机械损伤和失水有着密切的关系。

表2.5　各种树木受冻情况分级统计　　　单位：%

树　种	1　级	2　级	3　级	4　级	5　级
银杏	75				25
雪松	30	30	30		10
白皮松	40		40	20	
小叶杨	16.7	50	25		8.3
加拿大杨	78.6	21.4			
旱柳	40	60			
龙爪柳	100				
广玉兰					100
紫叶李		25	50	25	
辽梅山杏	100				
二色桃		50		25	25
臭椿	50	50			

单位：%   续表

树　种	1　级	2　级	3　级	4　级	5　级
鼠李		100			
紫薇	13.6	3	7.7	9	66.7
柿树	50	50			
毛泡桐				100	
鸡树条荚蒾		33.3		66.7	
总计	35.6	15.6	9.4	7.5	31.9

注：表中数据为各种树木不同受冻等级的受冻害植株数量占受冻害植株总数量的百分数。

　　总的来看，在气温异常偏低的 2009—2010 年冬季和春季，北京市植物园的观赏植物遭受到不同程度的冻害。常见观赏植物中，以紫薇遭受冻害最为严重，无论胸径达 10 厘米以上的小乔木还是灌木状的植株均出现大部分枝条和全株死亡的情况，受冻等级为 5 级的植株占 66.7%，这主要与其抗寒能力低和缺乏冬季防寒保护措施直接相关。此外，广玉兰、银杏、雪松、白皮松、小叶杨、紫叶李、二色桃、毛泡桐、鸡树条荚蒾等也遭受到较为严重的冻害，主要与栽植的位置如处于风口等有关。有些植物虽然枝条受冻害不很严重，但是当年开花的数量显著减少，如龙爪柳、旱柳、小叶杨和加拿大杨等，说明越冬条件是影响其生殖生长的重要因素，这种影响甚至可以延续到次年。在 2011 年春季的物候观测中发现，龙爪柳、旱柳、小叶杨和加拿大杨的开花情况仍未恢复正常，表现为花序和开花的数量明显少于常年。

　　2020 年 12 月下旬至 2021 年 1 月上旬，北京连续出现日最高气温低于 0℃ 的日子，极值达到 −12℃；日最低气温有 8 天低于 −10℃，极值达到 −17℃。这样的寒冬导致许多常见观赏植物的枝条遭受严重冻害，比较严重的有蜡梅、迎春花、郁香忍冬、密冠卫矛、棣棠、榆叶梅、花叶丁香、紫薇、美国凌霄、荆条、黑枣、珙桐等。其中，丁香园中"飞鹤"雕塑南侧的大丛花叶丁香有50%以上枝条冻死；宿根花卉园中的珙桐有两株冻死；绚秋园中的多丛密冠卫矛50%以上枝条冻死。蜡梅、迎春花、郁香忍冬等的开花数量明显少于正常年份，如卧佛寺内天王殿前西侧大棵蜡梅的花芽冻死率为80%～90%，开花数量不及花芽总数的20%；绚秋园中的郁香忍冬有约80%的小枝冻死，开花数量不及花芽总数的10%。总之，冬季的降温幅度与持续时间长短、树木的原产地和抗寒性能、栽植的生境以及有无防冻措施等，是造成不同树种是否遭受冻害和冻害程度差异的主要原因。

预防园林观赏植物低温冻害最关键的措施是"适地适树"，不应不顾原产地和栽培地气候条件的差异幅度任意引种栽培，特别要注意考察栽培地点冬季、春季极端低温的出现频率和水平及其随着全球和区域气候变暖的加剧情况。同时，在栽植地形部位的选择上，应注意小气候的影响，如不很耐寒的树种应栽植在背风向阳且有防护的地点。此外，还应加强对冬季防护树种的监测，适当扩大冬季防护树木的种类，对不同树种可根据其生理特性和抗寒性能，有针对性地采取不同的越冬管理措施。

第 3 章

植物物候节律与气温节律

在一年之内和不同年份之间，各种植物物候现象的发生遵循一定的时间节律，按照时间尺度的不同，大致可以分为季节节律、准年节律和超年节律 3 种。由于植物物候现象的发生是光照、温度、水分、土壤、空气等多种非生物环境因子季节、年际和多年变化的最为直观、敏感和综合的指示器，而温度是植物物候现象发生的关键环境因子，所以植物物候变化的节律在一定程度上反映着气温变化的节律。将这两种节律进行对比分析，有助于揭示国家植物园一带植物群落物候和非生物环境因子随时间变化的一致性与差异性，从而深化对于植物物候动态的形成原因与机理的认识[18]。

第 1 节　植物物候与气温的顺序相关性节律

植物物候现象发生的顺序性是指在一年之中，同种或不同种植物的各种物候现象按照一定的时间顺序出现，即"先后有序"。以国家植物园中早春至初夏常见观赏植物开花始期的多年平均发生日期来看，其顺序性表现为从早春的蜡梅开花始（2 月 25 日）起始，经初春的迎春花开花始（3 月 17 日）、山桃开花始（3 月 22 日），仲春的连翘开花始（3 月 28 日）、玉兰开花始（3 月 30 日）、杏开花始（4 月 1 日）、榆叶梅开花始（4 月 6 日）、紫丁香开花始（4 月 7

日）、二色桃开花始（4 月 14 日）、文冠果开花始（4 月 21 日）、黄
刺玫开花始（4 月 24 日），晚春的牡丹开花始（4 月 26 日）、刺槐开
花始（4 月 30 日）、山楂开花始（5 月 4 日），到初夏的玫瑰开花始
（5 月 14 日）、太平花开花始（5 月 16 日）、北京丁香开花始（5 月
20 日）、珍珠梅开花始（6 月 2 日）、合欢开花始（6 月 11 日），等
等。国家植物园的物候日历就是所有观测的植物物候现象顺序性的
完整展现（见附录 1）。植物物候现象发生的相关性是指在不同年份
之间，先后发生的两个植物物候现象发生日期的时间序列具有同步
性提前和迟后的特点，即"迟早相随"。具体而言，如果某一年先发
生的植物物候现象的日期早于其在物候日历中的多年平均发生日期，
则后发生的植物物候现象的日期通常也早于其多年平均发生日期；
某一年先发生的植物物候现象的日期晚于其在物候日历中的多年平
均发生日期，则后发生的植物物候现象的日期通常也晚于其多年平
均发生日期。据此，植物物候现象发生的顺序相关性节律可以表述
为：一个地方的各种植物物候现象每年都按照一定的时间顺序发生，
并且在不同年份之间具有大体同步性提前和迟后的特征。从图 3.1
可以看出，虽然多年平均发生日期相近的物候现象会在个别年份出
现时间上的倒置，但各种物候现象的发生时间总体上呈现出"先后
有序，迟早相随"的特征。

两种前后发生的植物物候现象之间的顺序相关性，可以通过它
们发生日期时间序列（即图 3.1 中任意两条曲线所显示的数据序列）
之间的简单相关系数予以定量地描述，其公式如下：

$$r = \frac{\sum\limits_{i}^{n}(X_i - \overline{X})(Y_i - \overline{Y})}{\sqrt{\sum\limits_{i}^{n}(X_i - \overline{X})^2} \cdot \sqrt{\sum\limits_{i}^{n}(Y_i - \overline{Y})^2}}$$

式中，X_i 为先发生的植物物候现象在第 i 年的发生日期（$i=1$，2，3，…，n)，$\bar{X}$ 为该植物物候现象 n 年间的多年平均发生日期；Y_i

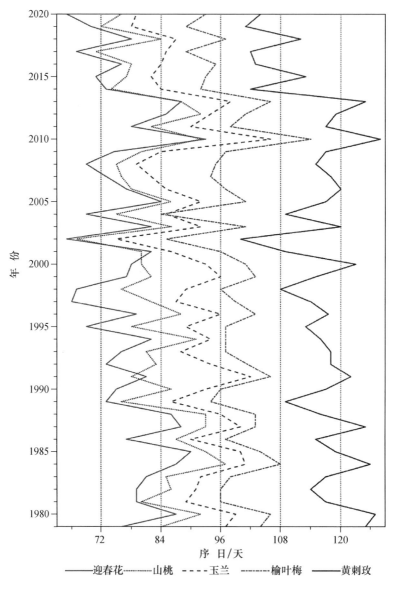

图 3.1　5 种植物开花始发生日期年际变化曲线（1979—2020）

注：序日为从 1 月 1 日算起的顺序天数。

为后发生的植物物候现象在第 i 年的发生日期（i=1，2，3，…，n），$\bar{Y}$ 为该植物物候现象在 n 年间的多年平均发生日期；r 为相关系数，它描述这两个时间序列（或变量）线性关系（即同步或异步变化）的密切程度，取值为 $0 \leqslant |r| \leqslant 1$。

如果两个物候现象发生日期的时间序列之间具有统计上显著的正相关关系，说明二者之间存在顺序相关性节律；如果两个物候现象发生日期的时间序列之间不具有显著正相关关系或具有负相关关系，说明二者之间不存在顺序相关性节律。表 3.1 是国家植物园 23 种代表性春季物候现象发生日期时间序列之间的相关系数矩阵。在春季物候现象发生日期的总共 253 种两两时间序列配对组合中，有 251 种时间序列配对组合呈正相关关系，占总配对组合数的 99%，其中有 185 种时间序列配对组合呈显著正相关关系（$p < 0.05$ 或 $p < 0.01$），占总配对组合数的 73%。没有任何物候现象发生日期的时间序列配对组合之间呈负相关关系。也就是说，在一年中，某一种春季物候现象发生日期提前，其后发生的其他物候现象发生日期也趋向于提前；某一种春季物候现象发生日期迟后，其后发生的其他物候现象发生日期也趋向于迟后。

进一步的分析表明，在这 23 种春季物候现象的 185 种具有显著正相关的时间序列配对组合中，任意两个物候现象多年平均发生日期之间的时间间隔（平均期距）与它们时间序列之间的相关系数具有显著的负相关关系（图 3.2），即随着任意两个物候现象多年平均发生日期之间期距的增大，它们时间序列之间的相关系数呈减小的趋势。总体来看，两种春季物候现象多年平均发生日期之间的时间间隔越短，其顺序相关性节律越强；而多年平均发生日期之间的时间间隔越长，其顺序相关性节律越弱。这种顺序相关性节律随先后发生的两个春季物候现象发生日期之间平均期距的延长而衰减的特

表 3.1 春季物候现象发生日期时间序列之间的相关系数矩阵

	蜡梅开花始	旱柳芽开放	榆叶梅芽开始膨大	龙爪柳芽开放	毛白杨花序出现	黄刺玫芽开始膨大	连翘芽开始膨大	蒙椴芽开始膨大	大山樱芽开始膨大	迎春花开花始	旱柳花序出现	文冠果芽开始膨大	山桃开花始	连翘开花始	玉兰开花始	白杜展叶始	贴梗海棠开花始	榆叶梅开花始	蜡梅展叶始	紫丁香开花始	迎春花开花末	黄刺玫开花始	太平花开花始
蜡梅开花始	1																						
旱柳芽开放	0.60**	1																					
榆叶梅芽开始膨大	0.34	0.82**	1																				
龙爪柳芽开放	0.67**	0.76**	0.47*	1																			
毛白杨花序出现	0.47*	0.55**	0.44	0.30	1																		
黄刺玫芽开始膨大	0.46*	0.74**	0.45*	0.75**	0.57**	1																	
连翘芽开始膨大	0.34	0.78**	0.67**	0.62**	0.41	0.77**	1																
蒙椴芽开始膨大	0.18	0.51*	0.36	0.51*	0.43	0.67**	0.68**	1															

续表

	大平花开始	黄刺玫开花开始	迎春花开花末	紫丁香开花始	蜡梅展叶始	榆叶梅开花始	贴梗海棠开花始	白杜展叶始	玉兰开花始	连翘开花始	山桃开花始	文冠果芽开始膨大	旱柳花序出现	迎春花开花始	大山樱芽开始膨大	蒙椴芽开始膨大	连翘芽开始膨大	黄刺玫芽开始膨大	毛白杨花序出现	龙爪柳芽开放	榆叶梅芽开始膨大	旱柳芽开放	蜡梅开花始
大山樱芽开始膨大															1	0.64**	0.86**	0.69**	0.44	0.29	0.54*	0.54**	0.31
迎春花开花始														1	0.63**	0.47**	0.74**	0.68**	0.61**	0.59**	0.58**	0.66**	0.61**
旱柳花序出现													1	0.71**	0.74**	0.56**	0.81**	0.79**	0.63**	0.53**	0.55**	0.67**	0.45*
文冠果芽开始膨大												1	0.81**	0.69**	0.75**	0.65**	0.82**	0.65**	0.50**	0.53**	0.60**	0.55**	0.27
山桃开花始											1	0.66**	0.63**	0.80**	0.43*	0.46*	0.60**	0.61**	0.55**	0.51**	0.29	0.56**	0.58**
连翘开花始										1	0.71**	0.69**	0.70**	0.76**	0.65**	0.53**	0.70**	0.51**	0.44*	0.43*	0.34	0.46*	0.33
玉兰开花始									1	0.75**	0.75**	0.66**	0.45**	0.71**	0.51**	0.35	0.50**	0.37	0.47*	0.22	0.25	0.37	0.24
白杜展叶始								1	0.86**	0.83**	0.75**	0.72**	0.61**	0.78**	0.54**	0.22	0.46*	0.35	0.45*	0.35	0.25	0.38	0.50*
贴梗海棠开花始							1																
紫丁香开花始								0.73*	0.58**	0.58**	0.44*	0.54**	0.55**	0.64**	0.51**	0.28	0.38	0.40*	0.51**	0.06	0.32	0.41*	0.20

续表

	蜡梅开花始	旱柳芽开放	榆叶梅芽开始膨大	龙爪柳芽开放	毛白杨花序出现	黄刺玫芽开始膨大	连翘芽开始膨大	蒙椴芽开始膨大	大山樱芽开始膨大	迎春花开花始	旱柳花序出现	文冠果芽开始膨大	山桃开花始	连翘开花始	玉兰开花始	白杜展叶始	贴梗海棠开花始	榆叶梅开花始	蜡梅展叶始	紫丁香开花始	迎春花开花末	黄刺玫开花始	太平花开花始
榆叶梅开花始	0.30	0.31	0.19	−0.03	0.43*	0.35	0.43*	0.24	0.59**	0.66**	0.58**	0.59**	0.64**	0.73**	0.87**	0.84**	0.66**	1					
蜡梅展叶始	0.49*	0.44*	0.28	0.03	0.40	0.56**	0.50**	0.21	0.64**	0.74**	0.79**	0.75**	0.74**	0.66**	0.72**	0.86**	0.79**	0.81**	1				
紫丁香开花始	0.21	0.10	0.02	−0.13	0.41*	0.40*	0.33	0.27	0.54**	0.61**	0.73**	0.65**	0.62**	0.68**	0.77**	0.77**	0.73**	0.74**	0.85**	1			
迎春花开花末	0.24	0.28	0.27	0.29	0.31	0.56**	0.40*	0.30	0.51**	0.67**	0.54**	0.56**	0.54**	0.56**	0.51**	0.74**	0.72**	0.62**	0.77**	0.57**	1		
黄刺玫开花始	0.27	0.20	0.09	0.10	0.31	0.42*	0.28	0.12	0.45*	0.61**	0.53**	0.64**	0.58**	0.62**	0.66**	0.77**	0.61**	0.81**	0.73**	0.56**	0.63**	1	
太平花开花始	0.04	0.20	0.16	0.06	0.34	0.26	0.44*	0.02	0.37	0.44*	0.50**	0.83**	0.40*	0.51**	0.57**	0.71**	0.63**	0.62**	0.59**	0.57**	0.50**	0.65**	1

注：* 代表两个物候现象发生日期之间具有显著正相关关系，显著性水平为 $p < 0.05$；** 代表两个物候现象发生日期之间具有显著正相关关系，显著性水平为 $p < 0.01$；无 * 号代表两个物候现象发生日期之间不具有显著相关关系。

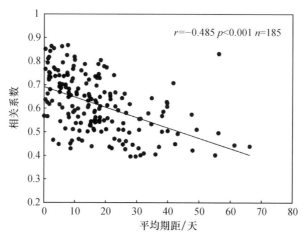

图 3.2　春季任意两个物候现象发生日期时间序列之间的
相关系数与这两个物候现象发生日期的平均期距的关系

征，主要与影响这两个物候现象发生的环境成因的一致性程度有关。
一般来讲，两个物候现象发生日期之间的时间间隔越短，影响它们
发生的光照、温度、水分等环境因子的一致性越大，物候现象发生
日期的顺序相关性节律就越强；两个物候现象的发生日期之间的时
间间隔越长，影响它们发生的光照、温度、水分等环境因子的一致
性越小，物候现象发生日期之间的顺序相关性节律就越弱。

　　相比之下，在 14 种代表性秋季物候现象的总共 91 种两两时间
序列配对组合中（表 3.2），有 56 种时间序列配对组合呈正相关关
系，占总配对组合数的 62%，其中有 15 种时间序列配对组合呈显
著正相关关系（$p < 0.05$），仅占总配对组合数的 16%。同时，还有
35 种时间序列配对组合呈负相关关系，占总配对组合数的 38%，其
中只有 3 种时间序列配对组合呈显著负相关关系（$p < 0.05$），占总
配对组合数的 3%。这说明大多数秋季物候现象的发生并不严格遵循
"迟早相随"的节律。由此可见，秋季物候现象发生日期之间的顺序
相关性节律明显弱于春季物候现象发生日期之间的顺序相关性节律，

表 3.2 秋季物候现象发生日期时间序列之间的相关系数矩阵

	珍珠梅开花末	玉兰叶开始变色	栾树叶开始变色	水杉叶开始变色	二色桃叶开始变色	太平花叶开始变色	蜡梅叶开始变色	蜡梅开始落叶	臭椿落叶末	银杏叶全部变色	紫丁香叶全部变色	一球悬铃木叶全部变色	玉兰落叶末	连翘落叶末
珍珠梅开花末	1													
玉兰叶开始变色	0.30	1												
栾树叶开始变色	0.70**	0.61**	1											
水杉叶开始变色	-0.32	0.42	0.06	1										
二色桃叶开始变色	-0.42	0.26	0.11	0.66**	1									
太平花叶开始变色	-0.19	0.06	0.12	0.36	0.68**	1								
蜡梅叶开始变色	-0.47	-0.02	-0.19	0.41	0.37	0.29	1							
蜡梅开始落叶	-0.53*	0.23	-0.21	0.58*	0.41*	0.16	0.86**	1						
臭椿落叶末	-0.02	-0.34	-0.44	-0.37	-0.16	0.11	0.04	-0.25	1					
银杏叶全部变色	0.10	-0.25	0	-0.50*	-0.21	0.04	-0.39	-0.20	0.45*	1				
紫丁香叶全部变色	-0.14	-0.11	0	-0.13	0.06	0.44*	0.14	-0.08	0.53*	0.37	1			
一球悬铃木叶全部变色	0.42*	-0.11	0.32	-0.31	-0.29	0.10	-0.26	-0.37	0.08	0.07	0.30	1		
玉兰落叶末	0.24	-0.18	0.02	-0.23	0.00	0.16	-0.47*	-0.39	0.47*	0.34	0.45*	0.28	1	
连翘落叶末	0.37	0.11	0.43	-0.42	0.08	0.26	-0.30	-0.39	0.30	0.12	0.26	0.49**	0.66**	1

注：* 代表两个物候现象发生日期之间具有显著正相关关系，显著性水平为 $p < 0.05$；** 代表两个物候现象发生日期之间具有显著正相关关系，显著性水平为 $p < 0.01$；无 * 号代表两个物候现象发生日期之间不具有显著相关关系。

这可能与影响先后发生的两个秋季物候现象的环境成因更为复杂多样且一致性程度较差有关。

植物物候现象发生的顺序相关性节律的外源性成因是，在一年之内，太阳净辐射输入、大气环流、光周期（日照时长）、气温、降水、土壤温度和土壤湿度等环境因子都按照一定的时间顺序变化演进，体现为一系列环境因子阈值的顺序出现。例如，温带地区由春到夏的日平均气温稳定升至 0℃ 以上、终霜冻日（土壤表面最低温度 ≤0℃ 的终日）、土壤化冻、河湖解冻、春分日（昼夜日照时长平分）、初雨、夏至日（最长日照时长）、日平均气温升至年内最高值等，由秋到冬的秋分日（昼夜日照时长平分）、初霜冻日（土壤表面最低温度 ≤0℃ 的初日）、日平均气温稳定降至 0℃ 以下、初雪、土壤冻结、河湖封冻、冬至日（最短日照时长）、日平均气温降至年内最低值等，它们形成了各种植物物候现象顺序发生的非生物环境背景。植物物候现象发生的顺序相关性节律的内源性成因主要体现在，如果一种植物在一定地区繁衍并扩展它的范围，它必须能够调整其生活周期和节律以便与环境中的光、温、水、气、土的周期和节律相协调[19]。由于各种植物物候现象的发生不仅反映当时的环境条件，而且反映过去一段时期内环境条件的累积，而不同植物物候现象的发生需要不同程度的环境条件累积或不同水平的环境因子阈值驱动，所以，它们呈现出按照一定的时间顺序发生，并且具有在年际间同步性提前和迟后的特点。

已有的研究表明，温度是决定植物物候现象发生日期年际变化的主要气候因子。一般而言，不同物候现象发生日期所需要的有效积温（一段时间内，大于某一个温度阈值的日平均气温的累积值）不同，导致了其发生日期的先后有序。在不同年份之间，如果一年中某种物候现象发生之前的平均气温较高，它所需要的有效积温便可以较快地得到满足，则该物候现象发生日期便会提前；如果前期平均气温较低，它所需要的有效积温只能较慢地得到满足，则该物候现象发生日期便会推迟。因此，积温被认为是影响物候现象发生日期年际变化的关键温度指标[20]。由此可见，物候现象发生的顺序相关性节律应该是它们发生之前一段时间内平均气温顺序相关性节律的一种反映。为了揭示任意两种植物物候现象发生之前平均气温的顺序相关性节律，分别计算了它们多年平均发生日期之前的春季平均气温（即从每年1月1日起至春季物候现象多年平均发生日期止的0℃以上平均气温，表3.3）和秋季平均气温（即从每年9月1日起至秋季物候现象多年平均发生日期止的0℃以上平均气温，表3.4）之间的相关系数矩阵。

由表3.3和表3.4可以看出，0℃以上平均气温的顺序相关性节律与植物物候现象发生日期的顺序相关性节律基本一致。在与春季物候现象发生日期时间序列配对组合相对应的大于0℃春季平均气温时间序列配对组合中，253种配对组合均呈正相关关系，其中198种配对组合呈显著正相关关系（$p < 0.05$），占总配对组合数的78%。在与秋季任意两个物候现象发生日期时间序列配对组合相对应的大于0℃秋季平均气温时间序列的91种配对组合中，有87种配对组合呈正相关关系，占总配对组合数的96%，其中52种配对组合呈显著正相关关系（$p < 0.05$），占总配对组合数的57%。也就是说，在一年中，某一种物候现象发生所对应的前期平均气温较高（因有效积温保持相对稳定，故该物候现象发生日期提前），其后发生的物候现象所对应的前期平均气温也较高（该物候现象发生日期也提前）；反之，某一种物候现象发生所对应的前期平均气温较低（因有效积温保持相对稳定，故该物候现象发生日期迟后），其后发生的物候现象所对应的前期平均气温也较低（该物候现象发生日期

表 3.3 春季物候现象发生之前大于 0℃平均气温之间的相关系数矩阵

	蜡梅开花始	旱柳芽开放	榆叶梅芽开始膨大	龙爪柳芽开放	毛白杨花序出现	黄刺玫芽开始膨大	连翘芽开始膨大	蒙椴芽开始膨大	大山樱芽开始膨大	迎春花开花始	旱柳花序出现	文冠果芽开始膨大	山桃开花始	连翘开花始	玉兰开花始	白杜展叶始	贴梗海棠开花始	榆叶梅开花始	蜡梅展叶始	紫丁香开花始	迎春花开花末	黄刺玫开花始	太平花开花始
蜡梅开花始	1																						
旱柳芽开放	0.08	1																					
榆叶梅芽开始膨大	0.57**	0.51*	1																				
龙爪柳芽开放	0.50*	0.44*	0.36	1																			
毛白杨花序出现	0.48*	0.33	0.68**	0.56*	1																		
黄刺玫芽开始膨大	0.05	0.42*	0.26	0.64**	0.46*	1																	
连翘芽开始膨大	0.38	0.67**	0.64**	0.56**	0.46*	0.44*	1																
蒙椴芽开始膨大	0.19	0.36	0.53*	0.24	0.40	0.58**	0.64**	1															

续表

	蜡梅开花始	旱柳芽开放	榆叶梅芽开始膨大	龙爪柳芽开放	毛白杨花序出现	黄刺玫芽开始膨大	连翘芽开始膨大	蒙椴芽开始膨大	大山樱芽开始膨大	迎春花开花始	旱柳花序出现	文冠果芽开始膨大	山桃开花始	连翘开花始	玉兰开花始	白杜展叶始	贴梗海棠开花始	榆叶梅开花始	蜡梅展叶始	紫丁香开花始	迎春花开花末	黄刺玫开花始	太平花开花始
大山樱芽开始膨大	0.21	0.49*	0.58**	0.33	0.47*	0.50*	0.87**	0.61**	1														
迎春花开花始	0.55**	0.35	0.70**	0.59**	0.43*	0.39*	0.78**	0.53*	0.65**	1													
旱柳花序出现	0.16	0.56**	0.50*	0.24	0.34	0.28	0.82**	0.66**	0.60**	0.78**	1												
文冠果芽开始膨大	0.11	0.42*	0.61**	0.39	0.35	0.43*	0.73**	0.52*	0.70**	0.77**	0.70**	1											
山桃开花始	0.36	0.50*	0.61**	0.59**	0.49*	0.60**	0.78**	0.61**	0.62**	0.82**	0.67**	0.74**	1										
连翘开花始	0.36	0.53*	0.57*	0.47*	0.31	0.45*	0.87**	0.60**	0.69**	0.79**	0.77**	0.71**	0.76**	1									
玉兰开花始	0.33	0.39*	0.67**	0.50*	0.27	0.46*	0.68**	0.60**	0.56**	0.83**	0.64**	0.74**	0.78**	0.74**	1								
白杜展叶始	0.36	0.50*	0.61**	0.60**	0.44	0.23	0.86**	0.42*	0.63**	0.82**	0.71**	0.69**	0.78**	0.81**	0.85**	1							
贴梗海棠开花始	0.05	0.52**	0.51*	0.44*	0.34	0.35	0.76**	0.53*	0.65**	0.71**	0.76**	0.62**	0.81**	0.76**	0.76**	0.83**	1						

续表

	蜡梅开花始	旱柳芽开放	榆叶梅芽开始膨大	龙爪柳芽开放	毛白杨花序出现	黄刺玫芽开始膨大	连翘芽开始膨大	蒙椴芽开始膨大	大山樱芽开始膨大	迎春花开花始	旱柳花序出现	文冠果芽开始膨大	山桃开花始	连翘开花始	玉兰开花始	白杜展叶始	贴梗海棠开花始	榆叶梅开花始	蜡梅展叶始	紫丁香开花始	迎春花开花末	黄刺玫开花始	太平花开花始
榆叶梅开花始	0.13	0.57**	0.66**	0.42	0.26	0.36	0.83**	0.57**	0.71**	0.74**	0.77**	0.65**	0.82**	0.80**	0.88**	0.84**	0.83**	1					
蜡梅展叶始	0.15	0.78**	0.68**	0.27	0.46	0.38	0.84**	0.55**	0.66**	0.74**	0.73**	0.52*	0.82**	0.69**	0.75**	0.80**	0.86**	0.88**	1				
紫丁香开花始	0.20	0.55**	0.56**	0.28	0.25	0.44*	0.78**	0.59**	0.62**	0.75**	0.73**	0.62**	0.79**	0.74**	0.75**	0.76**	0.74**	0.81**	0.80**	1			
迎春花开花末	0.13	0.40*	0.45*	0.47*	0.25	0.55**	0.71**	0.56**	0.66**	0.72**	0.62**	0.64**	0.80**	0.76**	0.76**	0.77**	0.84**	0.87**	0.80**	0.71**	1		
黄刺玫开花始	0.15	0.48*	0.37	0.47*	0.20	0.37	0.68**	0.40*	0.54**	0.68**	0.66**	0.63**	0.74**	0.68**	0.78**	0.81**	0.82**	0.90**	0.79**	0.63**	0.86**	1	
太平花开花始	0.20	0.56**	0.42	0.35	0.13	0.34	0.76**	0.37	0.43*	0.64**	0.72**	0.41	0.72**	0.69**	0.65**	0.70**	0.77**	0.78**	0.77**	0.61**	0.70**	0.81**	1

注：*$p < 0.05$，**$p < 0.01$。

表 3.4　秋季物候现象发生之前大于 0℃平均气温之间相关系数矩阵

	珍珠梅开花末	玉兰叶开始变色	栾树叶开始变色	水杉叶开始变色	二色桃叶开始变色	太平花叶开始变色	蜡梅叶开始变色	蜡梅开始落叶	臭椿落叶末	银杏叶全部变色	紫丁香叶全部变色	一球悬铃木叶全部变色	玉兰落叶末	连翘落叶末
珍珠梅开花末	1													
玉兰叶开始变色	-0.14	1												
栾树叶开始变色	0.64**	0.25	1											
水杉叶开始变色	0.40	0.32	0.68**	1										
二色桃叶开始变色	0.20	0.46*	0.65**	0.89**	1									
太平花叶开始变色	0.43	0.16	0.69**	0.86**	0.87**	1								
蜡梅叶开始变色	0.28	-0.02	0.67**	0.78**	0.77**	0.87**	1							
蜡梅开始落叶	0.16	0.40	0.71**	0.84**	0.83**	0.83**	0.92**	1						
臭椿落叶末	0.41	-0.24	0.28	0.31	0.42*	0.49*	0.48*	0.31	1					
银杏叶全部变色	0.28	-0.03	0.19	0.06	0.09	0.08	0.26	0.18	0.65**	1				
紫丁香叶全部变色	0.31	0.02	0.37	0.59**	0.47*	0.68**	0.64**	0.64**	0.68**	0.63**	1			
一球悬铃木叶全部变色	0.39	0.05	0.32	0.45**	0.26	0.45*	0.32	0.52**	0.45*	0.51*	0.69**	1		
玉兰落叶末	0.41	0.05	0.36	0.63**	0.36	0.45*	0.44	0.54*	0.43	0.63**	0.67**	0.61**	1	
连翘落叶末	0.47*	0.22	0.56**	0.72**	0.60**	0.76**	0.55**	0.65**	0.56**	0.56**	0.62**	0.64**	0.75**	1

注：* $p < 0.05$，** $p < 0.01$。

也迟后）。大于 0℃秋季平均气温之间的相关性明显优于秋季物候现象发生日期之间的相关性，说明秋季物候现象的发生不仅受到有效积温的控制，还受到其他环境因子的影响。现有的研究表明，温带地区植物秋季叶变色和落叶的发生受到前期日最低气温、光周期、生长季节平均温度、夏季干旱程度、风速[21-24]等多种气候因子的综合影响。

与植物物候现象发生的顺序相关性节律相似，在 198 种具有显著相关的大于 0℃春季平均气温时间序列的配对组合中，任意两个物候现象发生日期时间序列之间的平均期距与它们对应的前期平均气温之间的相关系数也呈现显著负相关关系（$p < 0.001$），表明两个物候现象多年平均发生日期之间的时间间隔越长，从 1 月 1 日起至这两个物候现象多年平均发生日期时段内大于 0℃平均气温之间的相关系数越小；两个物候现象多年平均发生日期之间的时间间隔越短，从 1 月 1 日起至这两个物候现象多年平均发生日期时段内大于 0℃平均气温之间的相关系数越大（图 3.3）。这进一步说明，两个

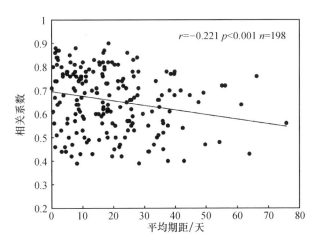

图 3.3　春季任意两个物候现象多年平均发生日期之前大于 0℃平均气温之间的相关系数与这两个物候现象发生日期的平均期距的关系

物候现象发生日期之间的平均期距越长，它们发生日期所对应的前期大于0℃平均气温之间年际波动的同步性越差，顺序相关性节律越弱；反之，两个物候现象发生日期之间的平均期距越短，它们发生日期所对应的前期大于0℃平均气温之间年际波动的同步性越好，顺序相关性节律越强。

为了比较植物物候现象发生日期之间的顺序相关性节律与它们所对应的前期大于0℃平均气温之间的顺序相关性节律的重合程度，分别统计了春季物候现象发生日期之间与春季平均气温之间的相关系数矩阵中（表3.1和表3.3）相同配对组合相关关系的一致性与差异性和秋季物候现象发生日期之间与秋季平均气温之间的相关系数矩阵中（表3.2和表3.4）相同配对组合相关关系的一致性与差异性。结果表明，春季物候现象配对组合与它们所对应的春季平均气温配对组合的相关系数均为正相关关系的有251种，占配对组合总数的99%。其中，春季物候现象配对组合与春季平均气温配对组合的相关系数均呈显著正相关的有158种（$p < 0.05$），占正相关关系配对组合总数（251）的63%和所有配对组合数（253）的62%；春季物候现象配对组合与春季平均气温配对组合的相关系数只有其中之一呈显著正相关的有67种（$p < 0.05$），占正相关关系配对组合总数（251）的27%；春季物候现象配对组合与春季平均气温配对组合的相关系数均呈不显著正相关的有26种，占正相关关系配对组合总数（251）的10%［图3.4（a）］。秋季物候现象配对组合与它们所对应的秋季平均气温配对组合的相关系数均为正相关关系的有54种，占配对组合总数的59%。其中，秋季物候现象配对组合与秋季平均气温配对组合的相关系数均呈显著正相关的有12种（$p < 0.05$），占正相关关系配对组合总数（54）的22%和所有配对组合数（91）的13%；秋季物候现象配对组合与秋季平

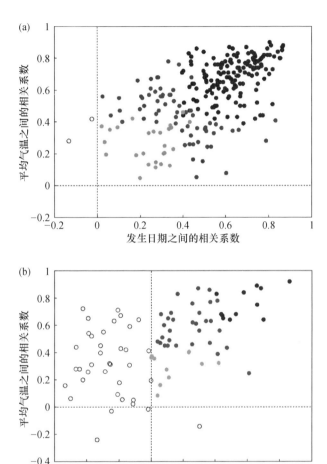

图 3.4 （a）春季和（b）秋季任意两个物候现象发生日期时间序列之间的相关系数与相应的前期大于 0℃平均气温时间序列之间的相关系数的对应关系

注：黑点代表物候现象发生日期之间的相关系数和相应的平均气温之间的相关系数均呈显著正相关（$p < 0.05$）；深灰点代表物候现象发生日期之间的相关系数和相应的平均气温之间的相关系数只有其中之一呈显著正相关；浅灰点代表物候现象发生日期之间的相关系数和相应的平均气温之间的相关系数均呈不显著正相关（$p > 0.05$）；圆圈代表物候现象发生日期之间的相关系数和相应的平均气温之间的相关系数均呈负相关或其中之一呈负相关。

均气温配对组合的相关系数只有其中之一呈显著正相关的有 31 种（$p < 0.05$），占正相关关系配对组合总数（54）的 57%；秋季物候现象配对组合与秋季平均气温配对组合的相关系数均呈不显著正相关的有 11 种，占正相关关系配对组合总数（54）的 20%［图 3.4（b）］。由此可见，大多数（62%）具有前期春季平均气温同步性升高和降低节律的物候现象配对组合对应着具有春季物候现象发生日期同步性提前和迟后节律的物候现象配对组合；而较少（13%）具有前期秋季平均气温同步性升高和降低节律的物候现象配对组合对应着具有秋季物候现象发生日期同步性迟后和提前节律的物候现象配对组合。

综上所述，植物物候现象发生日期之间表现出的顺序相关性节律可以在一定程度上归因于它们发生之前大于 0℃平均气温之间的顺序相关性节律，尤其对于春季物候现象来说，前期平均气温高低的年际变化是影响其发生日期早晚年际变化的主导因素。

第 2 节　植物物候与气温的准年周期性节律

植物物候现象发生的准年周期性节律是指同一种植物的某个物候现象发生日期在两个相邻年份之间的重现周期大致为一年，如 2017 年的山桃开花始日期与 2018 年的山桃开花始日期之间相差约 365 天。这一节律的生动写照就是古诗中的"离离原上草，一岁一枯荣。野火烧不尽，春风吹又生"。因为植物物候现象发生的准年周期性节律通常不受植物生长的地点和特定植物种的影响，所以它是植物物候现象发生的基本节律。

从表 3.5 可以看出，在 37 种物候现象中，有 34 种物候现象发生日期的重现周期的平均值为 364 ～ 366 天，占物候现象总数的

92%。个别物候现象发生日期的重现周期的平均值稍长，如旱柳花序出现发生日期的重现周期的平均值为 368.6 天，珍珠梅开花末生日期的重现周期的平均值为 368.1 天，水杉叶开始变色发生日期的重现周期的平均值为 367.7 天。各种物候现象发生日期的重现周期（天数）时间序列的标准差（重现周期在年际的平均变幅）为 5.0 ～ 16.1 天，并且任意两个相邻年份之间物候现象发生日期的重现周期具有从早春到初夏和从初秋到晚秋年际波动越来越小的特点（图 3.5）。

表 3.5　物候现象发生日期的重现周期平均值、标准差和
物候现象发生日期与其重现周期的相关系数

物候现象	平均值/天	标准差/天	相关系数	物候现象	平均值/天	标准差/天	相关系数
蜡梅开花始期	364.2	12.1	−0.43*	太平花开花始期	365.1	5.1	−0.66**
旱柳芽开放期	365.1	11.3	0.054	珍珠梅开花末期	368.1	12.6	−0.66**
榆叶梅芽开始膨大期	365.6	7.3	−0.67**	玉兰叶开始变色期	365.2	9.5	−0.56*
龙爪柳芽开放期	365.8	9.4	−0.63**	栾树叶开始变色期	364.5	11.3	−0.53*
毛白杨花序出现期	365.1	9.5	−0.68**	水杉叶开始变色期	367.7	16.1	−0.57*
黄刺玫芽开始膨大期	364.7	11.0	−0.68**	二色桃叶开始变色期	366.2	12.7	−0.67**
连翘芽开始膨大期	364.8	9.2	−0.60**	太平花叶开始变色期	365.1	9.9	−0.64**
蒙椴芽开始膨大期	366.0	12.1	−0.79**	蜡梅叶开始变色期	363.6	12.7	−0.52*
大山樱芽开始膨大期	365.8	10.5	−0.66**	蜡梅开始落叶期	363.8	11.5	−0.52*
迎春花开花始期	365.4	9.0	−0.63**	臭椿落叶末期	365.7	6.5	−0.315

物候现象	平均值/天	标准差/天	相关系数	物候现象	平均值/天	标准差/天	相关系数
旱柳花序出现期	368.6	10.4	−0.65**	银杏叶全部变色期	365.2	7.8	−0.65**
文冠果芽开始膨大期	365.4	9.9	−0.63**	紫丁香叶全部变色期	366.0	6.8	−0.69**
山桃开花始期	365.1	8.3	−0.65**	一球悬铃木叶全部变色期	365.3	6.0	−0.60**
连翘开花始期	365.4	6.8	−0.67**	玉兰落叶末期	366.2	5.8	−0.62**
玉兰开花始期	364.9	6.4	−0.54**	连翘落叶末期	364.6	6.3	−0.63**
白杜展叶始期	365.6	7.1	−0.65**	稳定通过 0℃ 初日	365.7	14.1	−0.61**
贴梗海棠开花始期	365.9	8.2	−0.67**	稳定通过 5℃ 初日	365.2	13.5	−0.71**
榆叶梅开花始期	365.5	5.0	−0.55**	稳定通过 10℃ 初日	365.1	8.8	−0.66**
蜡梅展叶始期	364.7	9.6	−0.70**	稳定通过 10℃ 终日	365.0	8.0	−0.63**
紫丁香开花始期	364.4	8.3	−0.76**	稳定通过 5℃ 终日	365.5	9.5	−0.76**
迎春花开花末期	365.6	8.0	−0.76**	稳定通过 0℃ 终日	366.1	13.7	−0.74**
黄刺玫开花始期	364.3	6.8	−0.64**				

注：* $p < 0.05$，** $p < 0.001$。

植物物候现象发生的准年周期性节律的外源性成因是地球绕太阳公转具有大致 365 天的周期，从而导致地面净辐射、光周期、气温、降水、土壤温度和土壤湿度等主要环境因子都具有以年为周期周而复始变化的特征。中国古人总结出的二十四节气就是对地球表层自然环境准年周期性节律的一种概括性表述，其中清明、小满、芒种就是植物物候现象。植物物候现象发生的准年周期性节律的内源性成因主要体现在许多植物在长期进化过程中都形成了物种特异的生物钟或光周

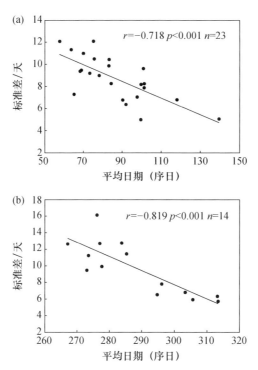

图 3.5　物候现象发生日期的重现周期标准差随物候现象
多年平均发生日期早晚的变化趋势:（a）春季,（b）秋季

期反应系统,即它们适应地球表层昼夜长短的季节变化,形成很有规律的发芽和开花的临界光照时长。由于在特定的纬度位置上每年昼夜长短的更替时间具有非常稳定的年周期节律,所以,植物就用特定的临界光照时长下的生存值作为生命过程事件（物候现象）的触发器,形成内源生物钟与外源光照时长年周期的统一[25, 26]。

　　为了进一步分析植物物候现象发生的准年周期性节律与气温准年周期性节律的关系,分别计算了每年日平均气温稳定通过 0℃、5℃、10℃ 这 3 个农业界限温度的开始（初日）和结束（终日）日期的重现周期,即某一年日平均气温在春季稳定上升（或秋季稳定下降）超过某一界限温度的初日（或终日）到下一年日平均气温在春季稳定上升（或秋季稳定下降）超过该界限温度的初日（或终日）之间相差的天数。结果表明，3种界限温度初日和终日的重现周期平均值也都在365天左右（表3.5）。在春季，界限温度初日的重现周期标准差从早春（界限温度0℃）到仲春（界限温度10℃）呈逐渐减小的趋势，与春季物候现象发生日期的重现周期标准差的季节变化相同；而在秋、冬季，界限温度终日的重现周期标准差则从仲秋（界限温度10℃）到隆冬（界限温度0℃）呈逐渐增大的趋势，与秋季物候现象发生日期的重现周期标准差的季节变化相反。因此，物候现象发生日期的准年周期性节律可以在一定程度上由农业界限温度稳定通过日期的准年周期性节律予以解释。综上所述，植物物候现象发生日期的准年周期性节律是气温准年周期性节律、光照时长年周期与植物内源生物钟调控共同作用的结果。

　　进一步的统计分析显示，有35种物候现象发生日期的早晚与其重现周期长短之间呈显著负相关关系（$p < 0.05$），占统计样本总数的94.6%。也就是说，当某一种物候现象在前一年发生日期偏早时，其与第二年该物候现象发生日期的重现周期就较长，这样，第二年该物候现象的发生日期就会偏晚；当某一种物候现象在前一年发生日期偏晚时，其与第二年该物候现象发生日期的重现周期就较短，则第二年该物候现象的发生日期就会偏早。这种物候现象发生日期与其重现周期之间呈负相关关系的发现表明，一个物候现象在某一年的发生日期不仅受到其发生之前平均气温的影响，同时也受到其自身准年周期性节律的调节。正是由于这种准年周期性节律的存在，才使得物候现象发生日期在长时间尺度上保持着围绕其多年平均发生日期前后波动的特征，这可以在一定程度上减缓气候变暖所导致的春季物候现象发生日期逐渐提前和秋季物候现象发生日期逐渐推迟的趋势性变化[27]。

第 3 节 植物物候与气温的超年波动性节律

植物物候现象发生的超年波动性节律是指同一种植物的某个物候现象发生日期具有超过 1 年以上的早晚波动阶段性。不同于准年周期性节律，植物物候现象发生日期的超年波动性节律通常并不具有严格的周期性，而且通常因植物生长的地理位置、物候现象发生日期时间序列长度和植物种的不同而不同。对植物物候现象发生日期超年波动性节律及其与气温超年波动性节律关系的探究，可以帮助我们更准确地预估植物物候现象发生日期的长期变化特征。 本节对超年波动性节律的分析选取了具有连续观测记录 35 年的 13 种物候现象作为对象，利用小波分析的统计方法，通过绘制小波方差图来辨识植物物候现象发生日期的超年波动性节律。从图 3.6（a）～（m）可以看出，有 11 种物候现象发生日期时间序列的小波方差峰值都出现在 12 年时间尺度的位置，也就是说，它们的超年波动性节律为 12 年，只有旱柳芽开放期［图 3.6（b）］和黄刺玫芽开始膨大期［图 3.6（c）］的小波方差峰值出现在 11 年时间尺度的位置，即具有 11 年的超年波动性节律。

用同样的方法绘制了日平均气温稳定通过 0℃、5℃、10℃这 3 个农业界限温度的初日和终日的小波方差图。结果显示，这些界限温度初日和终日在多年时间尺度上也具有大致 12 年的超年波动性节律［图 3.6（n）～（s）］。因此，在数十年的时间尺度上，观赏植物物候现象发生日期的超年波动性节律可能是对气温超年波动性节律的一种响应。应该指出，由于国家植物园物候现象发生日期的时间序列只有 42 年，上述超年波动性节律的分析结果具有一定的不确定性，只有在积累了更长时间植物物候观测记录的基础上，才有可能揭示更为可信的植物物候超年波动性节律。

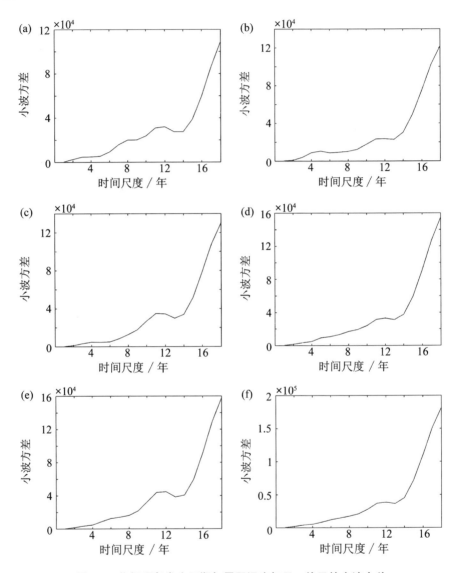

图 3.6　物候现象发生日期与界限温度初日、终日的小波方差
（a）蜡梅开花始期；（b）旱柳芽开放期；（c）黄刺玫芽开始膨大期；（d）迎春花开花始期；（e）山桃开花始期；（f）连翘开花始期；（g）玉兰开花始期；（h）贴梗海棠开花始期；（i）紫丁香开花始期；（j）迎春花开花末期；（k）黄刺玫开花始期；（l）太平花开花始期；（m）银杏叶全部变色期；（n）界限温度稳定通过 0℃初日；（o）界限温度稳定通过 5℃初日；（p）界限温度稳定通过 10℃初日；（q）界限温度稳定通过 0℃终日；（r）界限温度稳定通过 5℃终日；（s）界限温度稳定通过 10℃终日。

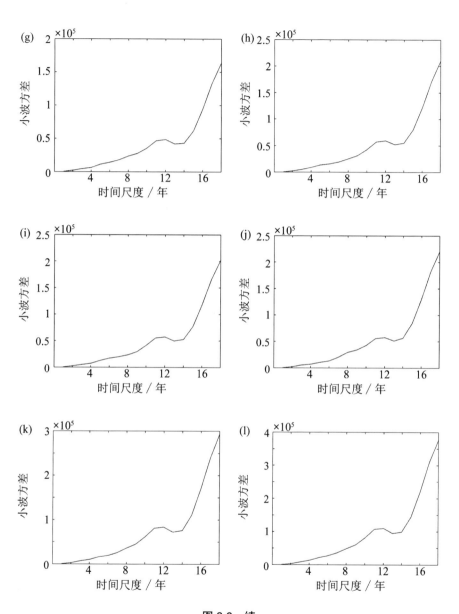

图 3.6　续

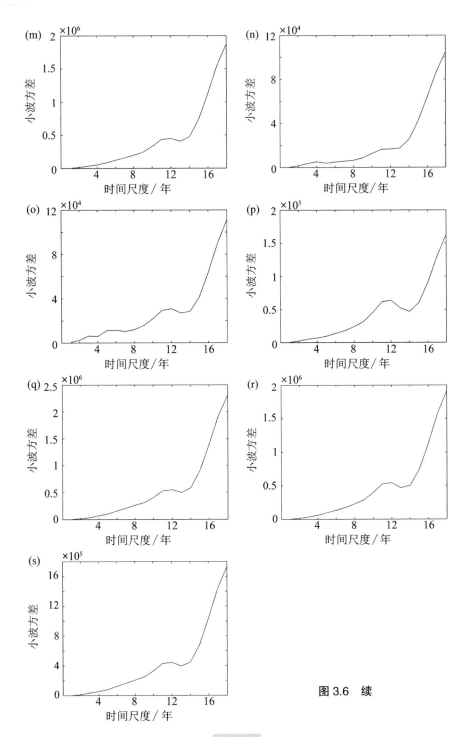

图 3.6　续

第4章
春花期和秋叶期的统计分析

　　植物物候现象是指以年为周期发生的植物生长和繁殖现象，如萌芽、展叶、开花、果熟、叶变色和落叶等，这些物候现象的发生时间不仅是自然环境季节与年际变化的敏感"指示器"和地表-大气之间二氧化碳、水分及能量交换的"调控阀"[28]，而且也是自然景观时序美的"节律钟"。到目前为止，大量的植物物候研究集中揭示了其"指示器"和"调控阀"的功能，而对于其"节律钟"功能的探索却非常薄弱。随着中国城镇化的快速发展，城市园林景观设计越来越注重植物形态和色彩的时序配置与空间布局，而时序配置的关键就是根据各种植物物候现象在一年之内发生日期的顺序，进行园林植物造景，使人工植物群落在不同季节都能呈现赏心悦目的美感效果，形成时序美的动态特征。国家植物园地处暖温带大陆性季风气候区，四季分明，植物种类丰富且具有明显的物候变化，准确地模拟和预测具有季节指示意义的观赏植物春花期与秋叶期每年的发生时间，将为园林造景时序美的适时欣赏和时令旅游资源的合理开发提供科学依据。

　　监测观赏植物的物候变化是评价城市生态系统对气候变化和城市化过程快速响应的重要手段。大量研究表明，近几十年来，欧洲、北美洲和亚洲一些植物的春季物候期如芽膨大、展叶和开花的发生日期呈显著提前的趋势，秋季物候期如叶变色和落叶的发生日期呈显著推迟的趋势[29-35]，生长季节（展叶始期到叶开始变色期或开始落叶期的期间）则呈显著延长的趋势[30, 33-35]。在影响植物物候现象发生日期的环境因子方面，树木的春季物候现象发生日期主要受到其发生之前气温的控制，通常某年前期气温越高，春季物候现象发生日期越早；前期气温越低，春季物候现象发生日期越晚[29, 33, 35-37]。树木的秋季物候现象发生日期也受到其发生之前气温的影响，通常某年前期气温越高，秋季物候现象发生日期越晚；前期气温越低，秋季物候现象发生日期越早[33, 35-37]。确定植物物候现象发生日期与气温之间关系的传统方法是，计算某一物候现象的多年平均发生日期所在月份及此前若干月份的逐年平均气温时间序列与该物候现象逐年发生日期时间序列之间的相关系数并建立回归方程[29, 36, 37]。利用前期月平均气温作为自变量虽然简便易行，但往往并不确切，因为一个物候现象的发生日期并不一定是由前期完整月份的平均气温所驱动的，而是由与它相关程度最高的一段时期内的逐日平均气温所决定的，这个相关程度最高的时期可称为最佳期间。为了更加准确和合理地确定物候现象发生日期与气温之间的统计关系，Chen 和 Xu 提出了最佳期间气温-物候时间模型[35]，该模型的基本假设是，一个物候现象的发生日期主要受到该物候现象在历史上发生的最早和最晚日期之间以及最早日期之前一段时期内的逐日平均气温的影响。据此，建立了中国北方榆树[35]和旱柳[8]的春季和秋季物候现象发生日期与最佳期间内日平均气温之间的统计模型，作为诊断植物物候对气温变化响应的依据。结果表明，与基于月均温的物候统计模型相比，最佳期间气温-物候时间模型显著提高了物候现象发生日期模拟的准确性。本章在上述研究的基础上，将该模型用于国家植物园观赏植物春花期和秋叶期与前期日平均气温关系的统计分析与模拟，以验证其对于园林植物物候现象发生日期模拟的适用性。

　　为了实施上述统计分析与模拟，选取时间序列长度大于 38 年的 20 种春花植物的开花始期及开花盛期和时间序列长度大于 15 年的 10 种秋叶植物的叶开始变色期及叶全部变色期的观测记录作为物候数据集。春花植物按照开花始期的早晚顺序包括：蜡梅、迎春花、山桃、连翘、玉兰、杏、紫玉兰、榆叶梅、贴梗海棠、紫叶李、紫丁香、白丁香、西府海棠、二色桃、棣棠、毛泡桐、紫藤、黄刺玫、太平花和珍珠梅。秋叶植物按照叶开始变色期的早晚顺序包括：黄金树、白蜡树、白桦、一球悬铃木、玉兰、栾树、银杏、紫薇、水杉和元宝槭。气象数据取自海淀气象站，包括 1978—2019 年的逐日平均气温和逐日最低气温两项，该站与国家植物园的直线距离为 6.9 千米。一般而言，平原地区气象站所代表的范围在 10 千米之内，而海淀气象站的海拔高度（46 米）也与国家植物园的平均海拔高度（60 ~ 80 米）相差不大，因此，利用该站的气象数据进行园内春花植物和秋叶植物物候现象发生日期的统计模拟是可行的。

第 1 节　春花期和秋叶期的趋势变化

　　一个地方某种植物的某个物候现象逐年发生日期的时间序列是否具有统计上显著的线性趋势变化，是该物候现象发生日期对气候冷暖趋势性变化响应是否敏感的重要指标。一般而言，如果一个春季物候现象发生日期在数十年间呈显著提前的趋势，则表明它对气候变暖的响应敏感；反之，如果该物候现象发生日期在数十年间呈显著推迟的趋势，则表明它对气候变冷的响应敏感。植物物候现象发生日期的时间序列一般存在着较为明显的空间和时间自相关，利用物候现象发生日期时间序列与年份之间的线性回归分析来确定其线性趋势并不适合，故通常采用 Theil-Sen（TS）趋势估计和

Mann-Kendall（MK）趋势检验方法来判断物候现象发生日期时间序列的线性趋势。Theil-Sen 趋势估计是一种稳健的线性回归，它选择二维数据各点之间斜率的中位值为该组数据的斜率，尤其适用于时间序列数据存在异常值、离群值、偏差或异质变异性的情况。本节即利用 TS-MK 非参数趋势估计和检验方法计算观赏植物的开花期和叶变色期时间序列的线性趋势倾向率，并检验其统计上的显著性。

1979—2019 年，海淀气象站春季（3—5 月）平均气温呈显著升高的线性趋势变化（倾向率为 0.6℃/10 年，$p < 0.05$，图 4.1），而 20 种春花植物中有 15 种的开花始期呈显著提前的线性趋势变化，其中倾向率为每 10 年提前 3 天及以上的有玉兰、紫玉兰、紫叶李和紫丁香，提前 2 天及以上至小于 3 天的有山桃、杏、白丁香、西府海棠、紫藤和黄刺玫，提前 1 天以上至小于 2 天的有连翘、榆叶梅、毛泡桐、太平花和珍珠梅，说明它们对区域气候变暖的响应非常敏感。蜡梅、迎春花、贴梗海棠、二色桃和棣棠的开花始期虽然也有提前的倾向但并未达到统计上显著提前的水平。相比之下，有 13 种

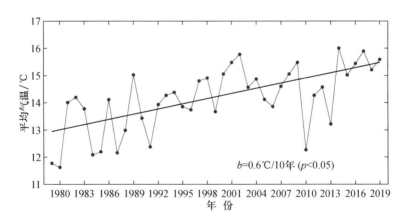

图4.1　春季（3—5月）平均气温的年际变化曲线及其线性趋势（1979—2019）
注：b 为线性趋势倾向率。

春花植物的开花盛期呈显著提前的线性趋势变化，倾向率为每10年提前3天以上的只有玉兰1种，其他12种植物中有10种植物开花盛期的显著提前倾向率较开花始期减小，只有黄刺玫开花盛期的显著提前倾向率与其开花始期相当，而珍珠梅开花盛期的显著提前倾向率略大于其开花始期，说明植物开花盛期对区域气候变暖响应的敏感性一般低于开花始期（表4.1）。

表 4.1　主要观赏植物开花日期的线性趋势倾向率及其显著性水平（1979—2019）

开花始期			开花盛期		
植物种	统计年数	倾向率 /（天 /10 年）	植物种	统计年数	倾向率 /（天 /10 年）
蜡梅	38	−1.7	蜡梅	38	−0.9
迎春花	41	−1.9	迎春花	41	−0.5
山桃	41	−2.7**	山桃	41	−1.8**
连翘	40	−1.9*	连翘	40	−1.4*
玉兰	41	−3.0***	玉兰	41	−3.2***
杏	41	−2.4**	杏	41	−1.9**
紫玉兰	41	−3.3**	紫玉兰	41	−2.6*
榆叶梅	41	−1.8*	榆叶梅	41	−1.5*
贴梗海棠	40	−0.9	贴梗海棠	40	−0.4
紫叶李	40	−3.3**	紫叶李	40	−2.9***
紫丁香	40	−4.2***	紫丁香	40	−2.8***
白丁香	40	−2.9**	白丁香	40	−2.2**
西府海棠	40	−2.9**	西府海棠	40	−2.2*
二色桃	40	−1.4	二色桃	40	−0.8
棣棠	40	−1.7	棣棠	40	−1.1
毛泡桐	40	−1.5*	毛泡桐	40	−1.6
紫藤	40	−2.0*	紫藤	40	−1.8*
黄刺玫	41	−2.5*	黄刺玫	41	−2.5*
太平花	41	−1.9*	太平花	41	−1.0
珍珠梅	41	−1.4*	珍珠梅	41	−1.5*

注：显著性水平：* $p<0.05$，** $p<0.01$，*** $p<0.001$。

　　到了秋季，海淀气象站9—11月平均气温呈不显著升高的线性趋势变化（倾向率为 0.2℃/10 年，$p > 0.05$，图 4.2）。同期 10 种秋叶植物中只有白蜡树和白桦的叶开始变色期呈显著推迟的线性趋势变化，倾向率为每 10 年推迟 5.3 天和 5.2 天；而玉兰和水杉的叶开始变色期则呈显著提前的线性趋势变化，倾向率为每 10 年提前 5.4 天和 6.8 天；其他 6 种植物中，一球悬铃木和银杏的叶开始变色期呈不显著推迟的线性趋势变化，元宝槭叶开始变色期呈不显著提前的线性趋势变化，黄金树、栾树和紫薇则没有体现出线性趋势变化。由此可见，不同植物叶开始变色期的发生对气温变化的响应并不一致。一般而言，秋季气候变暖有利于叶开始变色期的推迟，而生长季节气候变暖则有利于叶开始变色期的提前，这两个时期温度升高的净效应决定某种植物叶开始变色期发生的早晚[23]。叶全部变色期呈显著推迟线性趋势变化的 5 种植物是白蜡树、白桦、一球悬铃木、银杏和紫薇，倾向率为每 10 年推迟 2.3 天（紫薇）至 5 天（白桦），其他 5 种植物的叶全部变色期虽然线性趋势不显著，但均呈推迟的倾向，说明不同植物叶全部变色期对气温变化具有比较一致的响应（表 4.2）。

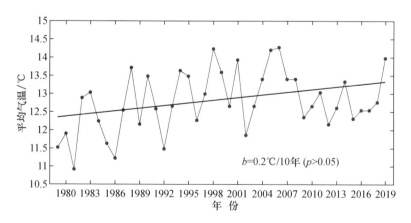

图4.2　秋季（9—11月）平均气温的年际变化曲线及其线性趋势变化（1979—2019）
注：b 为线性趋势倾向率。

表4.2　主要观赏植物叶变色日期的线性趋势倾向率及其显著性水平（1979—2019）

叶开始变色期			叶全部变色期		
植物种	统计年数	倾向率 /（天 /10 年）	植物种	统计年数	倾向率 /（天 /10 年）
黄金树	18	0	黄金树	26	4.8
白蜡树	22	5.3**	白蜡树	21	4.2***
白桦	24	5.2***	白桦	28	5.0***
一球悬铃木	31	0.3	一球悬铃木	35	2.8**
玉兰	33	−5.4**	玉兰	27	1.0
栾树	32	0	栾树	26	1.4
银杏	29	1.3	银杏	40	2.8**
紫薇	30	0	紫薇	31	2.3**
水杉	31	−6.8*	水杉	29	1.3
元宝槭	15	−1.1	元宝槭	28	1.7

注：显著性水平：* $p < 0.05$，** $p < 0.01$，*** $p < 0.001$。

第 2 节　春花期和秋叶期的统计模拟

本节采用最佳期间日平均气温的计算方法[35]进行植物春花期和秋叶期的统计模拟，其基本计算过程为：第一，将 1979—2019 年每种植物春花期或秋叶期物候现象发生日期时间序列中最早和最晚日期之间的时段定义为基本长度期间（basic length period, bLP）；第二，从基本长度期间的最早日期向后（向更早的时间方向）以 1 天为步长取一系列滑动长度期间（moving length period，mLP），设定滑动长度期间以 60 天为限，因为 60 天以前的气温状况对植物物候现象发生日期的影响很小；第三，依次计算所有完整长度期间内（bLP+1 天，bLP+2 天，bLP+3 天，…，bLP+60 天）日平均气温的 60 个时间序列，完整长度期间（length period，LP）定义为：

$$LP=bLP+mLP \tag{4.1}$$

第四，分别计算所有完整长度期间内的日平均气温时间序列与每种植物物候现象发生日期时间序列之间的相关系数；第五，将最大相关系数（绝对值）所对应的日平均气温时间序列定义为最佳长度期间的日均温时间序列，并据此建立模拟每种植物春花期或秋叶期物候现象发生日期年际变化的最佳期间气温-物候时间模型：

$$\text{Phenophase}=a+bT_{\text{optimum}} \tag{4.2}$$

式中，Phenophase 为物候现象发生日期，T_{optimum} 为最佳期间日平均气温，a 为回归方程的截距，b 为回归方程的斜率。

从 20 种春花植物开花期的最佳期间气温-物候时间模型建模结果可以看出，除蜡梅开花始期和盛期受到日均温影响的最佳期间长度分别达到 102 天和 91 天之外，其他植物开花始期和盛期受到日年均气温影响的最佳期间长度分别为 45 天（连翘开花始期）至 85 天（太平花开花始期）和 46 天（杏开花盛期）至 80 天（黄刺玫开花盛期）（图 4.3）。各种植物开花始期和盛期时间序列与相应的最佳期间日平均气温时间序列之间均呈显著负相关关系（$p < 0.001$），即某种植物开花始期和盛期在某一年的最佳期间日平均气温越高，则该种植物在该年的开花始期和盛期的发生日期越早；某种植物开花始期和盛期在某一年的最佳期间日平均气温越低，则该种植物在该年的开花始期和盛期的发生日期越晚。在这 20 种春花植物中，开花始期对最佳期间日平均气温年际变化响应最为敏感的是早春开花的蜡梅，其响应速率为 -8.23 天 $/\text{℃}$，即最佳期间日平均气温每升高 1℃，蜡梅开花始期提前 8.23 天；开花始期对最佳期间日平均气温年际变化响应敏感度最低的是仲春开花的毛泡桐，响应速率为 -2.81 天 $/\text{℃}$，即最佳期间日平均气温每升高 1℃，毛泡桐开花始期提前 2.81 天。开花盛期对最佳期间日平均气温年际变化响应最为敏感的也是蜡梅，响应速率为 -4.80 天 $/\text{℃}$；开花盛期对最佳期间日平均气温年际变化

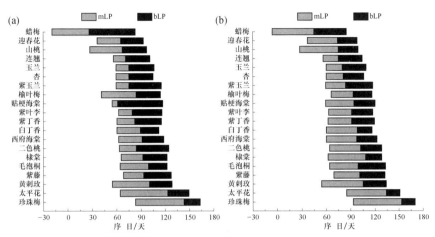

图 4.3 前期日平均气温影响各种植物（a）开花始期和
（b）开花盛期的最佳期间长度

响应敏感度最低的是初夏开花的太平花，响应速率为 −2.46 天 /℃。
总体上看，有 17 种植物开花始期对最佳期间日平均气温年际变化响
应的敏感度高于其开花盛期（图 4.4）。

评价最佳期间气温−物候时间模型模拟的精度，通常采用模
拟值与观测值时间序列之间的均方根误差 [RMSE，见第 5 章公式
（5.5）] 和相关系数 [r，见第 5 章公式（5.8）] 作为指标。计算结
果表明，蜡梅开花始期和盛期模拟的均方根误差最大，分别为 9.15
天和 7.08 天；其他 19 种植物开花始期和盛期模拟的均方根误差分
别为 3.10 天（珍珠梅开花始期）至 7.61 天（贴梗海棠开花始期）和
2.38 天（白丁香开花盛期）至 4.64 天（毛泡桐开花盛期）。在 20 种
春花植物中，开花始期模拟的平均均方根误差为 4.6 天，而开花盛
期模拟的平均均方根误差为 3.9 天，其中，14 种植物开花盛期模拟
的均方根误差小于其开花始期，只有迎春花、连翘、毛泡桐、紫藤、
黄刺玫和珍珠梅 6 种植物开花始期模拟的均方根误差小于开花盛期
（表 4.3）。各种植物开花始期和盛期模拟日期时间序列与相应的观

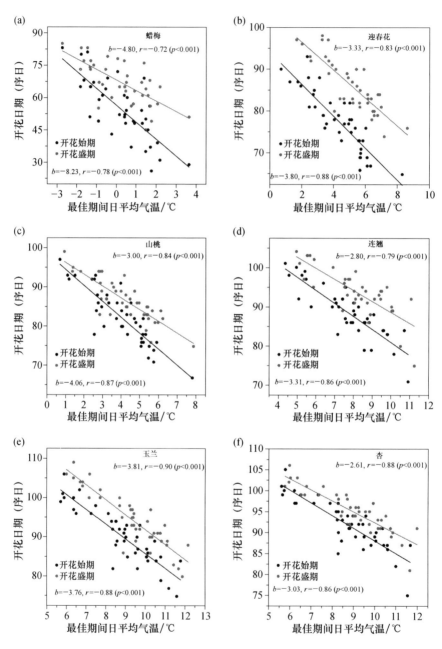

图 4.4　各种植物开花日期时间序列与最佳期间
日平均气温时间序列之间的相关-回归分析

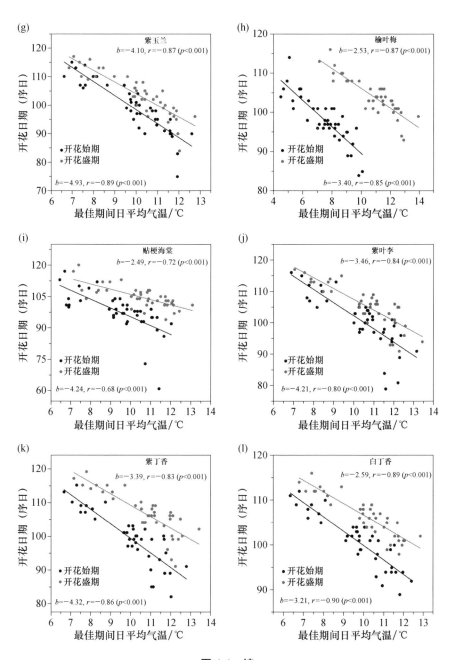

图 4.4　续

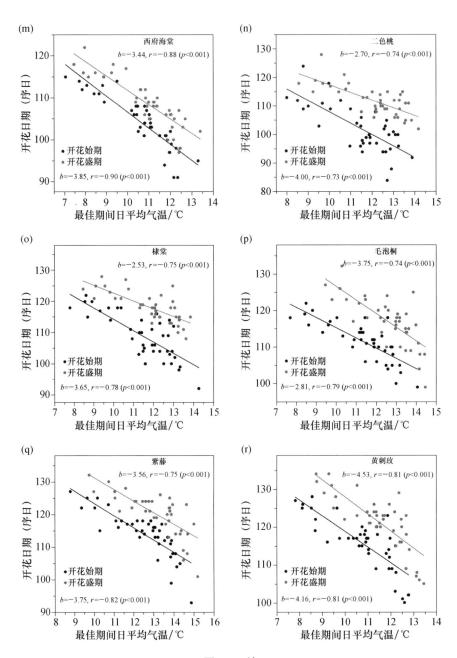

图 4.4　续

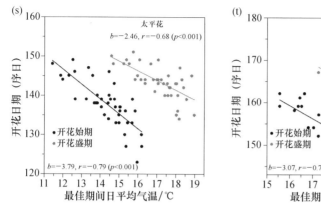

图 4.4　续

测日期时间序列之间均呈显著正相关关系，由此可见，基于最佳期间日平均气温的植物物候统计模型可以有效地模拟观测到的每种植物开花始期和盛期的年际变化，即：一种植物在某一年开花始期和盛期的观测日期较早，则模拟日期也较早；观测日期较晚，则模拟日期也较晚。开花期模拟日期与观测日期时间序列之间相关系数的种间差异明显，开花始期的相关系数为 0.61（二色桃）～ 0.86（西府海棠），而开花盛期的相关系数为 0.65（珍珠梅）～ 0.86（白丁香）（表 4.3）。

表 4.3　各种植物开花日期模拟的均方根误差和相关系数

植物种	RMSE / 天		r	
	开花始期	开花盛期	开花始期	开花盛期
蜡梅	9.15	7.08	0.77***	0.70***
迎春花	3.80	4.21	0.85***	0.75***
山桃	3.71	3.06	0.85***	0.82***
连翘	4.15	4.23	0.77***	0.71***
玉兰	4.12	3.91	0.82***	0.83***
杏	3.36	2.83	0.82***	0.82***

续表

植物种	RMSE / 天		r	
	开花始期	开花盛期	开花始期	开花盛期
紫玉兰	5.29	4.32	0.80***	0.81***
榆叶梅	3.31	2.57	0.84***	0.84***
贴梗海棠	7.61	3.76	0.63***	0.70***
紫叶李	5.97	4.39	0.71***	0.74***
紫丁香	5.04	4.11	0.78***	0.77***
白丁香	3.44	2.38	0.81***	0.86***
西府海棠	3.45	3.10	0.86***	0.85***
二色桃	6.49	3.90	0.61***	0.68***
棣棠	5.08	3.37	0.72***	0.72***
毛泡桐	3.46	4.64	0.78***	0.73***
紫藤	4.12	4.56	0.80***	0.72***
黄刺玫	4.52	4.54	0.78***	0.79***
太平花	3.70	3.05	0.79***	0.68***
珍珠梅	3.10	3.12	0.73***	0.65***

注：显著性水平：* $p < 0.05$，** $p < 0.01$，*** $p < 0.001$。

10 种秋叶植物叶变色期的最佳期间气温-物候时间模型建模结果显示，不同植物受到日平均气温影响的最佳期间长度差异十分明显，叶开始变色期最佳期间长度为 33 天（紫薇）至 105 天（白桦），种间差异最大值为 72 天；叶全部变色期最佳期间长度为 41 天（玉兰）至 98 天（白桦），种间差异最大值为 57 天（图 4.5）。7 种植物叶开始变色期时间序列与相应的最佳期间日平均气温时间序列之间呈正相关关系，其他 3 种植物叶开始变色期与最佳期间日平均气温则呈负相关关系，然而只有白桦和水杉的叶开始变色期与最佳期间日平均气温分别呈显著正相关关系（$p < 0.001$）和显著负相关关系（$p < 0.01$）。从大多数秋叶植物叶开始变色期与最佳期间日平均气温

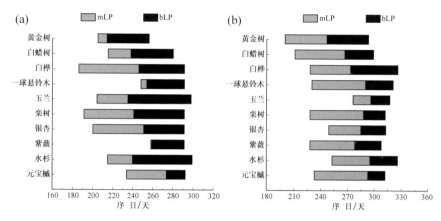

图 4.5 前期日平均气温影响各种植物（a）叶开始变色期和
（b）叶全部变色期的最佳期间长度

的相关系数未通过显著性检验来看，叶开始变色期发生的早晚除受到前期气温年际变化的影响外，还可能与其他气象因子如生长季节平均气温[23]、降水量[8]等的变化有关。在叶开始变色期对最佳期间日平均气温年际变化正向响应的 7 种植物中最为敏感的是白桦，其响应速率为 9.52 天 /℃，即最佳期间日平均气温每升高 1℃，白桦的叶开始变色期推迟 9.52 天；最不敏感的元宝槭的响应速率只有 0.69 天 /℃。一球悬铃木、玉兰和水杉叶开始变色期对最佳期间日平均气温年际变化的响应为负，最佳期间日平均气温每升高 1℃，这 3 种植物的叶开始变色期分别提前 1.12 天、3.98 天和 9.37 天。相比之下，所有植物叶全部变色期时间序列与相应的最佳期间日平均气温时间序列之间均呈正相关关系。其中 8 种植物叶全部变色期与最佳期间日平均气温呈显著正相关关系（$p < 0.05$），即某种植物叶全部变色期在某一年的最佳期间日平均气温越高，则该种植物在该年的叶全部变色期的发生日期越晚；某种植物叶全部变色期在某一年的日平均气温越低，则该种植物在该年的叶全部变色期的发生日期越早。10 种植物叶全部变色期对最佳期间日平均气温的年际变化均呈正向

响应，响应速率介于 1.76 天/℃（水杉）和 6.48 天/℃（白桦）之间。如果以响应速率的绝对值为标准，白桦、玉兰、栾树、银杏和水杉叶开始变色期对最佳期间日平均气温响应的敏感度高于其叶全部变色期对最佳期间日平均气温响应的敏感度；而黄金树、白蜡树、一球悬铃木、紫薇和元宝槭正好相反，其叶开始变色期对最佳期间日平均气温响应的敏感度低于其叶全部变色期对最佳期间日平均气温响应的敏感度（图 4.6）。

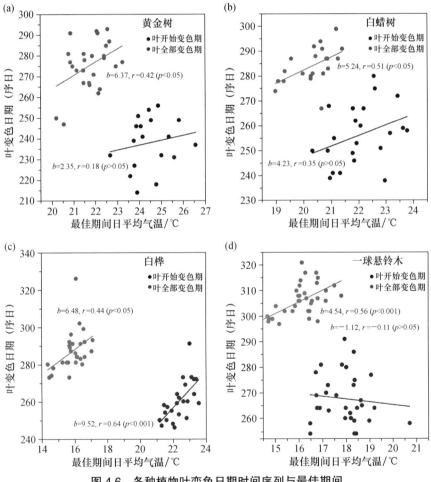

图 4.6　各种植物叶变色日期时间序列与最佳期间
日平均气温时间序列之间的相关–回归分析

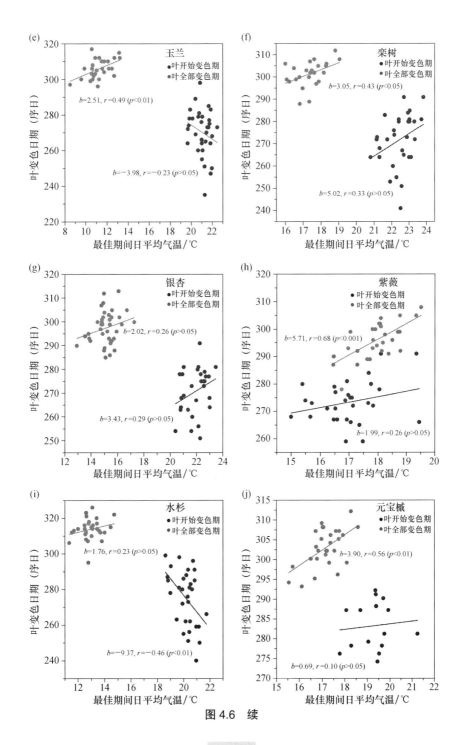

图 4.6 续

以叶变色期与最佳期间日平均气温之间的相关系数达到统计上显著为标准，分别建立了2种植物叶开始变色期和8种植物叶全部变色期的最佳期间气温-物候时间模型。对白桦和水杉叶开始变色期模拟的均方根误差分别为8.38天和15.19天，而对8种植物叶全部变色期模拟的均方根误差为4.11天（元宝槭）至11.33天（黄金树），平均均方根误差为6.6天，明显大于对开花始期和盛期模拟的平均均方根误差。从模型模拟叶变色期年际变化的能力来看，叶开始变色期的模拟只有白桦1种的模拟时间序列与观测时间序列呈显著正相关；而叶全部变色期的模拟则在8种植物中有7种的模拟时间序列与观测时间序列呈显著正相关，相关系数为0.39（玉兰）～0.67（紫薇）。显然，最佳期间气温-物候时间模型模拟叶全部变色期的精度明显高于模拟叶开始变色期（表4.4）。

表 4.4　各种植物叶变色日期模拟的均方根误差和相关系数

植物种	RMSE / 天		r	
	叶开始变色期	叶全部变色期	叶开始变色期	叶全部变色期
黄金树		11.33		0.33
白蜡树		6.55		0.49*
白桦	8.38	9.78	0.64***	0.42*
一球悬铃木		5.59		0.56***
玉兰		5.18		0.39*
栾树		5.02		0.43*
银杏				
紫薇		5.00		0.67***
水杉	15.19		0.33	
元宝槭		4.11		0.56**

注：显著性水平：* $p < 0.05$，** $p < 0.01$，*** $p < 0.001$。

第 5 章

春花期和秋叶期的过程模拟

植物物候的统计模拟是对某个地点特定时段内观测得到的某一植物物候现象发生日期的时间序列与当地同时段可能影响其发生的气象因子（如气温）的时间序列之间表象关系的一种定量描述。由于通过统计方法得到的物候现象发生日期与气象因子之间的相关系数和回归方程只在该特定地点和时段内有效，一般不能利用这种统计模型预测其统计时段以外年份（过去或未来）物候现象的发生日期。为了进行物候现象发生日期的预测，需要通过参数寻优或实验的方法，建立基于机理和过程的物候模型。本章介绍利用当前主流的植物物候过程模型进行国家植物园主要观赏植物春花期和秋叶期模拟与预测的结果。

第 1 节　物候现象发生的机理和模型

目前，物候过程模型主要应用于对气候变化敏感的指示植物物候现象发生日期的模拟，很少用来进行城市园林观赏植物物候现象发生日期的建模。以往的研究表明，温带落叶树木春季物候现象的发生主要由内休眠期的冷激温度和生态休眠期的促进温度所驱动[20]，最简单的一阶段过程模型只考虑促进温度对植物生态休眠期解除和芽生长过程的影响，而较为复杂的两阶段模型则同时考虑冷激温度和促进温度对内休眠期和生态休眠期解除以及芽生长过程的影响。根据芽生长过程对温度的响应特征，这两类模型又可分为线性和非线性两种模拟方式。Chuine[38]在分析了不同模型的同型性基础上，利用S形生长曲线实现了模型的归一化，分别构建了统一促进模型（unified forcing model，UniForc模型）和统一冷激模型（unified chilling model，UniChill模型）。在利用这两种模型进行的中国温带至北热带落叶树木春季物候过程模拟的研究中发现，生长在温带的榆树展叶期、楝树展叶期和开花期主要受到促进温度的控制[39, 40]，并证明这两种非线性模型在温带落叶树木春季物候模拟中具有比线性模型更高的准确度和稳健性。

相比之下，秋季物候发生的环境归因比较复杂，过程模型的研究相对滞后。现有的模型包括仅考虑秋季低温的寒冷度日模型（cold-degree-day model，CDD模型）[41]和光周期调节的寒冷度日模型（delpierre model，DM）[22]。在此基础上，Lang等[21]提出了日最低气温与光周期乘积模型（low temperature and photoperiod multiplicative model，TPM），综合考虑了光周期缩短和日最低气温降低在启动和胁迫叶片衰老方面的作用。该模型有效地模拟了青藏高原1981—2012年18个站点10种木本植物叶开始变色期和17种草本植物黄枯普期的年际变化，模拟精度明显高于DM，其普适性已通过对中国北方温带90余个站点6个树种1981—2014年叶开始变色期和落叶末期的有效模拟得到了验证[42]。

本章尝试利用Uniforc模型、Unichill模型和TPM，分别模拟1979—2019年20种春花植物的开花始期与盛期和10种秋叶植物的叶开始变色期与叶全部变色期的时间序列，并评价模型模拟与预测的精度。

1. 春季物候过程模型

UniForc模型的基本假设是，在打破内休眠的冷激温度需求能充分满足的条件下，树木春季物候现象（如芽开始膨大）发生日期的早晚仅取决于越冬芽内休眠解除后日平均气温（促进温度）的累积，促进温度对芽生长过程的作用速率（简称"促进速率"）R_f 被定义为日平均气温 x_t 的 S 形生长曲线函数［公式（5.1）］，促进温度的累积状态 S_f 是作用速率 R_f 的加和，一般将促进温度累积的起始日期 t_1 定为当年的 1 月 1 日，当促进温度的累积状态 S_f 在第 y 天达到某个物候现象发生的临界值 F^* 时，该物候现象发生［公式（5.2）］。UniForc 模型共有 3 个待拟合参数：d，e，F^*。其中，d 和 e 是控制促进速率 R_f 对温度响应的参数（$d<0$，$e>0$）。

$$R_f(x_t) = \frac{1}{1+\exp[d(x_t-e)]} \tag{5.1}$$

$$S_f = \sum_{t_1}^{y} R_f(x_t) = F^* \tag{5.2}$$

Unichill 模型的基本假设是，在冷激温度需求不能充分满足并且对促进温度累积过程产生影响的条件下，树木春季物候现象发生日期的早晚由越冬芽内休眠期间冷激温度的累积和内休眠解除后生态休眠期间促进温度的累积共同决定，冷激温度对芽休眠过程的作用速率（简称"冷激速率"）R_c 被定义为日平均气温 x_t 的 S 形生长曲线函数［公式（5.3）］，冷激温度的累积状态 S_c 是作用速率的加和，一般将冷激温度累积的起始日期 t_0 定为前一年的 9 月 1 日，当冷激温度的累积状态 S_c 在第 t_1 天达到内休眠期解除的临界值 C^* 时，树木的越冬芽结束内休眠期［公式（5.4）］。当越冬芽在第 t_1 天解除内休眠状态后，树木开始进入生态休眠期并开启促进温度的累积过程，其作用速率和累积状态及其临界条件与 UniForc 模型相同［公式（5.1）和（5.2）］，当促进温度的累积状态 S_f 在第 y 天达到某个物候现象发生的临界值 F^* 时，该物候现象发生。UniChill 模型共有 7 个待拟合参数：a，b，c，C^*，d，e，F^*。其中，a、b、c 是控制冷激速率 R_c 对温度响应的参数。

$$R_c\ (x_t) = \frac{1}{1 + \exp[a\ (x_t - c)^2 + b\ (x_t - c)\ ]} \tag{5.3}$$

$$S_c = \sum_{t_0}^{t_1} R_c\ (x_t) = C^* \tag{5.4}$$

2. 秋季物候过程模型

TPM 的基本假设是，当秋季光照时长缩短或日最低气温降低达到某一阈值时，植物叶片开始衰老，其衰老状态的变化由光照时长和日最低气温的相互作用控制。叶片逐日衰老速率 R_{sen} 是日最低气温和当日光照时长算术乘积的 S 形生长曲线函数，它随着该算术乘积的减小而增大［公式（5.5）］。叶片衰老状态 S_{sen} 是从叶片衰老起始日期 D_{start} 到秋季物候现象发生日期的逐日叶片衰老速率 R_{sen} 之和。其中，D_{start} 可以通过两种方式来确定：如果叶片衰老的开始由光照时长缩短触发，D_{start} 定义为一年中光照时长达到最长的日期（夏至日，即一年的第 173 天）之后，减至短于触发叶片衰老的光照时长阈值（P_{start}）的第 1 天［公式（5.6）］，称为 TPM_p；如果叶片衰老的开始由日最低气温降低触发，D_{start} 就定义为多年平均日最低气温达到年内最高值的日期（大致是一年的第 200 天）之后，降至低于触发叶片衰老的日最低气温阈值（T_{start}）的第 1 天［公式（5.7）］，称为 TPM_t。随着秋季光照时长缩短和日最低气温降低的持续，叶片衰老速率 R_{sen} 加快，当叶片衰老状态 S_{sen} 在第 y 天达到某个秋季物候现象发生的临界值 S_{sen}^* 时，该物候现象发生［公式（5.8）］。TPM 模型共有 4 个待拟合参数：a，b，T_{start}/P_{start}，S_{sen}^*。其中，a、b 是控制叶片衰老速率 R_{sen} 对日最低气温和光照时长乘积响应的参数。

$$R_{sen}\ (T_i,\ P_i) = \begin{cases} \dfrac{1}{1 + \exp[a \cdot (T_i \cdot P_i - b)\ ]}, & i \geqslant D_{start} \\ 0, & i < D_{start} \end{cases} \tag{5.5}$$

$$D_{start} = \min \{i \mid i > 173 \cap P_i < P_{start}\} \quad (5.6)$$

$$D_{start} = \min \{i \mid i > 200 \cap T_i < T_{start}\} \quad (5.7)$$

$$S_{sen} = \sum_{i=D_{start}}^{y} R_{sen}(T_i, P_i) = S_{sen}^* \quad (5.8)$$

3. 模型的检验与评价

为了进行模型的优选和模拟误差的评价，首先，根据模型模拟日期与观测日期之间均方根误差［公式（5.9）］最小的原则，通过模拟退火算法[43]，分别确定 UniForc 模型、UniChill 模型和 TPM$_p$、TPM$_t$ 在每个春季和秋季物候现象发生日期时间序列模拟中的最优拟合参数组合并评价其模拟误差。其次，利用综合考虑模拟误差和模拟效率（参数个数）的赤池信息量准则［AICc，公式（5.10）］，比较最优拟合参数组合的春季 UniForc 模型与 UniChill 模型和秋季 TPM$_p$ 与 TPM$_t$，在两组模型之间分别选择 AICc 较小的模型为最优春季和秋季物候过程模型。在此基础上，通过纳什效率系数（NSE）来检验利用最优模型和物候现象多年平均发生日期对物候现象逐年发生日期模拟精度的优劣，以评价模型的有效性［公式（5.11）］。如果 NSE > 0，表示模型的模拟误差小于多年平均发生日期的模拟误差，模型有效，且 NSE 越接近于 1，模型有效性越高；如果 NSE < 0，表示模型的模拟误差大于多年平均发生日期的模拟误差，模型无效。最后，利用相关系数［公式（5.12）］来评价最优模型模拟物候现象发生日期年际变化的优劣，如果模拟与观测物候现象发生日期时间序列之间的正相关关系通过显著性检验（$p < 0.05$），表示模型模拟效果优良；如果正相关关系不显著（$p > 0.05$）或呈负相关关系，表示模型模拟效果较差。

此外，为了进一步评价最优模型预测建模时段以外年份物候现象发生日期的能力和模型的稳健性，还运用留一交叉验证法[44]对最优模型进行了时间外推检验。该方法适用于小样本数据，具体来说，首先，从观测物候现象发生日期时间序列中选择 $n-1$ 年的数据进行建模并获得最优的拟合参数组合；其次，利用得到的最优拟合参数外推未参与建模那一年的物候现象发生日期，如此重复 n 次，使得所有年份的物候现象发生日期都得到外推检验；最后，计算 n 次模型外推的物候现象发生日期与观测的物候现象发生日期之间的均方根误差，将其与最优模型模拟的物候现象发生日期与观测的物候现象发生日期之间的均方根误差进行对比，以评估最优模型的预测能力和稳健性。

$$\mathrm{RMSE} = \sqrt{\frac{\sum\limits_{i=1}^{n}(\mathrm{obs}_i - \mathrm{fit}_i)^2}{n}} \tag{5.9}$$

$$\mathrm{AICc} = n \cdot \ln\left[\frac{\sum\limits_{i=1}^{n}(\mathrm{obs}_i - \mathrm{fit}_i)^2}{n}\right] + \frac{2n(k+1)}{n-k-2} \tag{5.10}$$

$$\mathrm{NSE} = 1 - \frac{\sum\limits_{i=1}^{n}(\mathrm{obs}_i - \mathrm{fit}_i)^2}{\sum\limits_{i=1}^{n}(\mathrm{obs}_i - \overline{\mathrm{obs}})^2} \tag{5.11}$$

$$r = \frac{\sum\limits_{i=1}^{n}(\mathrm{obs}_i - \overline{\mathrm{obs}})(\mathrm{fit}_i - \overline{\mathrm{fit}})}{\sqrt{\sum\limits_{i=1}^{n}(\mathrm{obs}_i - \overline{\mathrm{obs}})^2} \cdot \sqrt{\sum\limits_{i=1}^{n}(\mathrm{fit}_i - \overline{\mathrm{fit}})^2}} \tag{5.12}$$

式中，obs_i 为第 i 年的物候现象观测日期（序日），$\overline{\mathrm{obs}}$ 为多年平均物候现象观测日期，fit_i 为第 i 年的物候现象模拟日期，$\overline{\mathrm{fit}}$ 为多年平均物候现象模拟日期，k 为模型的参数个数，n 为年数。

第 2 节　春花期的过程模拟及其检验

对 20 种植物春季开花日期的模拟结果显示，开花始期以促进温度单独驱动的 UniForc 模型为最优模型的物种比例高达 95%（19 种），以冷激温度和促进温度共同驱动的 UniChill+UniForc 模型为最优模型的只有迎春花 1 种；开花盛期以 UniForc 模型为最优模型的物种比例达 80%（16 种），以 UniChill+UniForc 模型为最优模型的包括杏、白丁香、二色桃和棠棣 4 种。最优春季物候过程模型对所有植物开花始期和开花盛期时间序列的模拟都是有效的（NSE＞0）。

开花始期的模拟误差（均方根误差，RMSE）为 2.3 ～ 8.1 天，平均值为 3.7 天。其中，模拟误差小于 3 天的 5 种植物（占 25%）是玉兰、杏、白丁香、西府海棠和珍珠梅；模拟误差大于 5 天的 3 种植物（占 15%）是蜡梅、贴梗海棠和二色桃，以蜡梅的模拟误差最大，为 8.1 天；其余 12 种植物（占 60%）的模拟误差为 3 ～ 5 天。开花盛期的模拟误差为 2.1 ～ 6.2 天，平均值为 3.2 天。其中，模拟误差在 3 天以内的 9 种植物（占 45%）是山桃、玉兰、杏、紫玉兰、榆叶梅、白丁香、西府海棠、太平花和珍珠梅；模拟误差在 5 天以上的只有蜡梅 1 种（占 5%），数值为 6.2 天；其余 10 种植物（占 50%）的模拟误差为 3 ～ 5 天。总的来看，开花盛期的模拟精度高于开花始期，其中最为突出的是蜡梅、贴梗海棠、紫叶李、二色桃和棠棣，它们开花盛期与开花始期模拟误差的差别都在 1 天以上。此外，开花始期和开花盛期的模拟误差具有较好的种间同步性，即同一种植物开花始期的模拟误差较小，则开花盛期的模拟误差也较小；开花始期的模拟误差较大，则开花盛期的模拟误差也较大〔图

5.1（a）］。不同植物开花始期和开花盛期模拟误差序列之间的相关系数为 0.79（$p < 0.001$）。

各种植物开花始期和开花盛期模拟与观测日期之间均呈显著正相关关系（$p < 0.001$），表明最优模型能够很好地模拟植物开花日期的年际波动特征。开花始期模拟与观测日期之间的相关系数为 0.74～0.94，平均值为 0.86。其中，相关系数大于 0.9 的 5 种植物（占 25%）是迎春花、山桃、玉兰、紫玉兰和西府海棠；相关系数小于 0.8 的 3 种植物（占 15%）是贴梗海棠、二色桃和棣棠；其余 12 种植物（占 60%）的相关系数为 0.8～0.9。开花盛期模拟与观测日期之间的相关系数为 0.71～0.93，平均值为 0.83。其中，相关系数大于 0.9 的 4 种植物（占 20%）是玉兰、杏、紫玉兰和西府海棠；相关系数小于 0.8 的 8 种植物（占 40%）是蜡梅、连翘、贴梗海棠、二色桃、棣棠、毛泡桐、太平花和珍珠梅；其余 8 种植物（占 40%）的相关系数为 0.8～0.9。总体上看，开花始期模拟与观测日期之间的相关系数略大于开花盛期，差别最为显著的是蜡梅、迎春花、山桃、紫藤、太平花和珍珠梅。此外，开花始期和开花盛期模拟与观测日期的相关系数也具有较好的种间同步性，即同一种植物开花始期模拟与观测日期的相关系数较大，则开花盛期模拟与观测日期的相关系数也较大；开花始期模拟与观测日期的相关系数较小，则开花盛期模拟与观测日期的相关系数也较小［图 5.1（b）］。不同植物这两个物候现象模拟与观测日期相关系数序列之间的相关系数为 0.75（$p < 0.001$）。

利用留一交叉验证法，对每种植物开花始期和开花盛期的最优模型进行了模拟年份之外的时间外推检验。结果显示，各种植物开花始期和开花盛期外推检验误差（RMSE）与模拟误差（RMSE）呈显著正相关关系（$p < 0.001$），并且外推检验误差均大于模拟误差

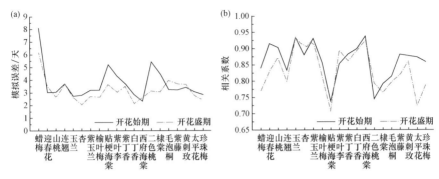

图 5.1 每种植物开花期模拟日期的（a）模拟误差和
（b）模拟与观测日期之间的相关系数

[图 5.2（a）（b）]。具体来说，开花始期和开花盛期外推检验误差
的平均值分别为 4.3 天和 3.7 天，比开花始期和开花盛期模拟误差的
平均值分别大 0.6 天和 0.5 天。进一步的分析表明，每种植物开花始
期外推检验误差与模拟误差的差值为 0.2 ~ 1.2 天，开花盛期外推检
验误差与模拟误差的差值为 0.1 ~ 1.0 天（图 5.3）。

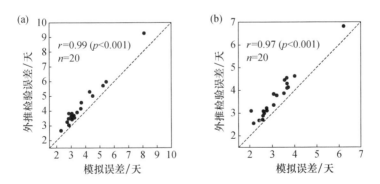

图 5.2 各种植物（a）开花始期和（b）开花盛期模拟误差
与外推检验误差之间的相关分析

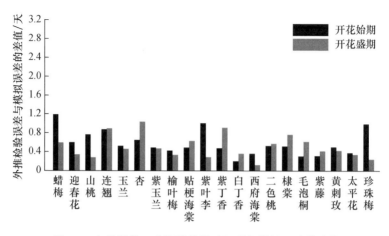

图 5.3　各种植物开花期外推检验误差与模拟误差的差值

第 3 节　秋叶期的过程模拟及其检验

在对 10 种植物叶开始变色期的模拟中，除黄金树和白桦以光周期缩短诱发叶片衰老的 TPM_p 为最优模型外，其余 8 种植物均以温度降低诱发叶片衰老的 TPM_t 为最优模型；而 10 种植物叶全部变色期模拟的最优模型占比情况则相反，其中白蜡树、黄金树和紫薇以温度降低诱发叶片衰老的 TPM_t 为最优模型，其余 7 种植物以光周期缩短诱发叶片衰老的 TPM_p 为最优模型。最优秋季物候过程模型对所有植物叶开始变色期和叶全部变色期模拟的 NSE 均大于 0，说明模型的模拟都是有效的。

叶开始变色期的模拟误差（RMSE）为 4.0～15.1 天，平均值为 9.4 天。其中，模拟误差小于 6 天的只有元宝槭 1 种；模拟误差大于 9 天的 5 种植物是黄金树、白蜡树、玉兰、栾树和水杉，水杉的模拟误差值最大，为 15.1 天，其余 4 种植物叶开始变色期的模拟误差为 6～9 天。叶全部变色期的模拟误差为 3.6～9.8 天，平均值为 5.6

天。其中，模拟误差小于 6 天的 8 种植物是白蜡树、一球悬铃木、玉兰、栾树、银杏、紫薇、水杉和元宝槭；模拟误差为 6 ～ 9 天的只有白桦 1 种；模拟误差大于 9 天的只有黄金树 1 种。由此可见，叶全部变色期的模拟误差明显小于叶开始变色期的模拟误差，二者相差幅度超过 4 天的有白蜡树、玉兰、栾树和水杉。与开花始期和开花盛期的模拟相比，叶开始变色期和叶全部变色期模拟误差的种间同步性明显降低［图 5.4（a）］，不同植物叶开始变色期和叶全部变色期模拟误差序列之间的相关系数为 0.22（$p > 0.05$），未通过显著性检验。

各种植物叶开始变色期模拟与观测日期之间的相关系数平均值为 0.48，呈显著正相关关系（$p < 0.05$）的 6 种植物是白蜡树、白桦、一球悬铃木、栾树、银杏和元宝槭。叶全部变色期模拟与观测日期之间均呈显著正相关关系（$p < 0.05$），相关系数平均值为 0.61，其中，有 5 种植物的相关系数大于 0.6（白蜡树、一球悬铃木、玉兰、紫薇和元宝槭），有 4 种植物的相关系数为 0.4 ～ 0.6。相比之下，有 7 种植物叶全部变色期模拟与观测日期之间的相关系数大于叶开始变色期，它们是黄金树、白蜡树、一球悬铃木、玉兰、银杏、紫薇和水杉。此外，叶开始变色期和叶全部变色期模拟与观测日期之间相关系数的种间同步性也明显低于开花始期和开花盛期［图 5.4（b）］，不同植物这两个物候现象模拟与观测日期相关系数序列的相关系数为 0.34（$p > 0.05$），也未通过显著性检验。

最优模型的时间外推检验结果显示，各种植物叶开始变色期和叶全部变色期外推检验误差与模拟误差也呈显著正相关关系（$p < 0.001$），并且外推检验的误差均大于模拟误差［图 5.5（a）（b）］。叶开始变色期和叶全部变色期的外推检验误差的平均值分别为 11.0 天和 6.7 天，比叶开始变色期和叶全部变色期模拟误差的平

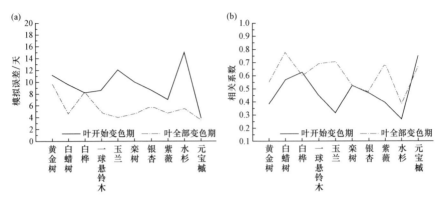

图 5.4　每种植物叶变色期模拟日期的（a）模拟误差和
（b）模拟与观测日期之间的相关系数

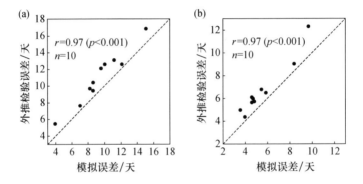

图 5.5　各种植物（a）叶开始变色期和（b）叶全部变色期
模拟误差与外推检验误差之间的相关分析

均值分别大 1.6 天和 1.1 天。具体来看，各种植物叶开始变色期外推检验误差与模型模拟误差的差值为 0.5 ～ 2.5 天，仅白蜡树和栾树的差值大于 2 天；叶全部变色期外推检验误差与模型模拟误差的差值为 0.4 ～ 2.6 天，仅黄金树的差值大于 2 天（图 5.6）。

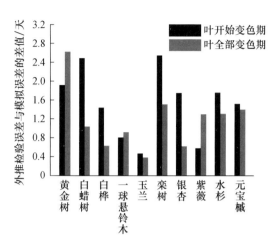

图 5.6　每种植物叶变色期外推检验误差与模拟误差之间的差值

综上所述，最优春季和秋季物候过程模型的外推检验误差与模拟误差比较接近，表明选用的这两类模型在模拟国家植物园典型观花植物花期和观叶植物叶变色期方面具有较强的稳健性，从而为园林观赏植物春花期和秋叶期的预测提供了有效且适用的手段。

第 4 节　观赏植物物候过程模拟讨论

本章植物物候过程模拟的结果显示，开花始期和开花盛期以 UniForc 模型为最优模型的物种比例（分别为 95% 和 80%）明显高于以 UniChill+UniForc 模型为最优模型的物种比例，表明冷激温度对国家植物园观赏植物内休眠期和生态休眠期解除以及春季物候现象发生早晚的影响较小，这与中国北方温带地区 136 个站点上 4 个地方性树种展叶始期最优模型以 UniForc 模型为主（占 83%）的模拟结果是一致的[39]。这种促进温度对于驱动春季物候现象发生的主导作用也得到了其他许多植物物候过程模拟结果的验证[45-50]。据此，虽然在全球气候变暖背景下中国北方植物越冬期的气温显著升高，但冷激温度仍然能够满足大部分观赏植物越冬芽内休眠的需求。从过程模拟的效果来看，20 种植物开花始期和开花盛期平均的模拟误差（RMSE）分别为 3.7 天和 3.2 天，与中国北方 4 种树木展叶始期模拟的平均误差相当（3.7 天）[39]。

在 10 种观赏植物叶开始变色期的模拟中，只有 2 种植物以光照时长缩短诱发叶片衰老的 TPM_p 为最优模型，8 种植物以温度降低诱发叶片衰老的 TPM_t 为最优模型，这与青藏高原 10 个树种 21 个时间序列[21]和北方温带地区 6 个树种 185 个时间序列[42]叶开始变色期模拟的最优模型以 TPM_p 为主（＞60%）的结果不同，可能的原因是园林植物秋季物候受到气候因子和人为管理措施（如灌溉、施肥等）的双重影响，从而使得基于气候因子模拟的叶开始变色期平均模拟误差（9.4 天）也明显大于青藏高原（8.2 天）和北方温带地区（6.9 天）。因为秋季的灌溉和施肥很可能会导致植物叶变色期推迟[51]，所以综合考虑气候和人为管理因素的影响是改进秋季物候过程模型以提高其对园林观赏植物叶开始变色期模拟精度的关键。然而，对观赏植物叶全部变色期的模拟表明，7 种植物以光照时长缩短诱发叶片衰老的 TPM_p 为最优模型，3 种植物以温度降低诱发叶片衰老的 TPM_t 为最优模型，与青藏高原[21]和北方温带地区叶开始变色期的模拟结果一致[42]。最优模型模拟叶全部变色期的平均模拟误差为 5.6 天，明显小于国家植物园、青藏高原和北方温带地区叶开始变色期的平均模拟误差。

进一步的分析表明，植物物候过程模型对某一物候现象发生日期的模拟误差与该物候现象发生日期的年际波动标准差呈显著正相关关系（$p < 0.001$），且模拟误差均小于观测日期的年际波动标准差。因为各种植物开花盛期年际变化的标准差一般小于开花始期，

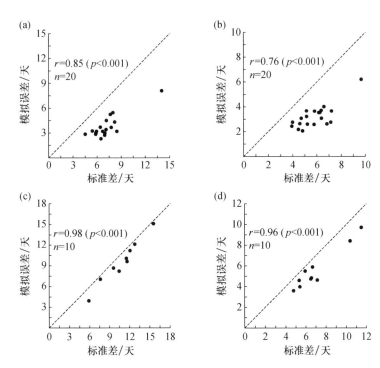

图 5.7 植物物候观测日期标准差与模拟误差之间的相关分析:(a) 开花始期,(b) 开花盛期,(c) 叶开始变色期,(d) 叶全部变色期

而叶全部变色期年际变化的标准差通常小于叶开始变色期（图 5.7），所以物候过程模型对开花盛期和叶全部变色期的模拟精度高于对开花始期和叶开始变色期的模拟精度。

　　此外，植物开花始期和开花盛期的模拟误差以及模拟与观测日期之间的相关系数均具有显著的种间同步性（$p < 0.001$），可能的原因是同种植物开花始期和开花盛期的年际变化对温度的响应具有较大的一致性，即主要以 UniForc 模型为最优模型，受促进温度的控制。相比之下，叶开始变色期和叶全部变色期模拟误差以及模拟与观测日期之间的相关系数不具有显著的种间同步性（$p > 0.05$），其归因主要是同种植物叶开始变色期和叶全部变色期的年际变化对低温和光周期的响应是不一致的，叶开始变色期主要选择温度降低诱发叶片衰老的 TPM_t 为最优模型，叶全部变色期则主要选择光照时长缩短诱发叶片衰老的 TPM_p 为最优模型。

在全球和区域气候变暖的背景下，极端高温、低温和干旱事件频发，可能会引起观赏植物开花始期和盛期对温度的响应过程与形式以及叶开始变色期与叶全部变色期对光周期与温度耦合作用的响应过程与形式发生显著的改变，从而导致物候现象发生日期作为自然景观时序美的节律钟的时间"刻度"发生偏移，这将会增加利用现有春季和秋季物候过程模型对春花和秋叶物候观赏最佳时机预测的不确定性，改进和开发新型的植物物候过程模型势在必行。

参 考 文 献

[1] 余冠英.诗经选.北京：中华书局，2012.

[2] 竺可桢，宛敏渭.物候学.北京：科学出版社，1973.

[3] 宛敏渭，刘秀珍.中国物候观测方法.北京：科学出版社，1979.

[4] 杨国栋，陈效逑.北京地区的物候日历及其应用.北京：首都师范大学出版社，1995.

[5] 韩湘玲，马思延.二十四节气与农业生产.北京：金盾出版社，1991.

[6] 中国农业百科全书总编辑委员会农业气象卷编辑委员会.中国农业百科全书农业气象卷.北京：农业出版社，1986.

[7] 陈效逑，张福春.近50年北京春季物候的变化及其对气候变化的响应.中国农业气象，2001，22（1）：1—5.

[8] 陈效逑，庞程，徐琳，等.中国温带旱柳物候期对气候变化的时空响应.生态学报，2015，35（11）：3625—3635.

[9] 薛婷婷，赵袁，陈效逑，等.气温和土壤湿度对中国东部温带蒲公英黄枯普期的影响.北京大学学报（自然科学版），2020，56（1）：173—183.

[10] 苏雪痕.植物造景.北京：中国林业出版社，1994.

[11] 新田伸三.栽植的理论和技术.赵力正，译.北京：中国建筑工业出版社，1982.

[12] 陈植.观赏树木学（增订版）.北京：中国林业出版社，1984.

[13] 余树勋.园林美与园林艺术.北京：科学出版社，1987.

[14] 龚高法.北京城市绿化中的若干物候学问题 // 侯仁之.环境变迁研究.北京：北京燕山出版社，1989.

[15] 杨国栋，陈效逑.木本植物物候相组合分类研究——以北京市植物园栽培

树种为例. 林业科学，2000，36（2）：39—46.

[16] 陈效逑，韩建伟. 我国东部温带植物群落的季相及其时空变化特征. 植物生态学报，2008，32（2）：336—346.

[17] 陈效逑，杜星，尉杨平. 北京观赏植物的冬、春季冻害分析. 北方园艺，2011（17）：114—116.

[18] Chen X, Zhang W, Ren S, et al. Temporal coherence of phenological and climatic rhythmicity in Beijing. International Journal of Biometeorology，2017, 61：1733—1748.

[19] 拉夏埃尔. 植物生理生态学. 李博，张陆德，岳绍先，等，译. 北京：科学出版社，1980.

[20] Chuine I, Kramer K, Hänninen H. Plant development models// Schwartz M D. Phenology：An Integrative Environmental Science. Dordrecht，Boston，London ：Kluwer Academic Publishers，2003.

[21] Lang W G, Chen X Q, Qian S W, et al. A new process-based model for predicting autumn phenology：How is leaf senescence controlled by photoperiod and temperature coupling?. Agricultural and Forest Meteorology，2019, 268：124—135.

[22] Delpierre N, Dufrêne E, Soudani K, et al. Modelling interannual and spatial variability of leaf senescence for three deciduous tree species in France. Agricultural and Forest Meteorology，2009, 149：938—948.

[23] Liu G H, Chen X Q, Zhang Q H, et al. Antagonistic effects of growing season and autumn temperatures on the timing of leaf coloration in winter deciduous trees. Global Change Biology，2018, 24：3537—3545.

[24] Xie Y, Wang X, Silander J A. Deciduous forest responses to temperature，precipitation, and drought imply complex climate change impacts. Proceedings of the National Academy of Sciences，2015, 112：13585—13590.

[25] 福斯特，克赖茨曼. 生命的季节：生生不息背后的生物节律. 严军，刘金华，邵春眩，译. 上海：上海科技教育出版社，2011.

[26] 福斯特，克赖茨曼. 生命的节奏. 郑磊，译. 北京：当代中国出版社，2004.

[27] Jiang M D, Chen X Q, Schwartz M D. Why don't phenophase dates in the current year affect the same phenophase dates in the following year?. International Journal of Biometeorology, 2020, 64: 1549—1560.

[28] Chen X Q. Spatiotemporal Processes of Plant Phenology: Simulation and Prediction. Berlin: Springer-Verlag GmbH, 2017.

[29] Bradley N L, Leopold A C, Ross J, et al. Phenological changes reflect climate change in Wisconsin. Proceedings of the National Academy of Sciences of the United States of America, 1999, 96: 9701—9704.

[30] Menzel A, Fabian P. Growing season extended in Europe. Nature, 1999, 397: 659—659.

[31] Beaubien E G, Freeland H J. Spring phenology trends in Alberta, Canada: Links to ocean temperature. International Journal of Biometeorology, 2000, 44 (2): 53—59.

[32] Fitter A H, Fitter R S R. Rapid changes in flowering time in British plants. Science, 2002, 296: 1689—1691.

[33] Matsumoto K, Ohta T, Irasawa M, et al. Climate change and extension of the *Ginkgo biloba* L. growing season in Japan. Global Change Biology, 2003, 9 (11): 1634—1642.

[34] Gordo O, Sanz J J. Long-term temporal changes of plant phenology in the western Mediterranean. Global Change Biology, 2009, 15 (8): 1930—1948.

[35] Chen X Q, Xu L. Phenological responses of *Ulmus pumila* (Siberian elm) to climate change in the temperate zone of China. International Journal of Biometeorology, 2012, 56 (4): 695—706.

[36] Menzel A. Plant phenological anomalies in Germany and their relation to air temperature and NAO. Climatic Change, 2003, 57 (3): 243—263.

[37] Gordo O, Sanz J J. Impact of climate change on plant phenology in Mediterranean ecosystems. Global Change Biology, 2010, 16 (3): 1082—1106.

[38] Chuine I. A unified model for budburst of trees. Journal of Theoretical Biology,

2000, 207（3）: 337—347.

[39] Xu L, Chen X Q. Regional unified model-based leaf unfolding prediction from 1960 to 2009 across northern China. Global Change Biology, 2013, 19（4）: 1275—1284.

[40] Chen X Q, Wang L X, Inouye D. Delayed response of spring phenology to global warming in subtropics and tropics. Agricultural and Forest Meteorology, 2017, 234: 222—235.

[41] Dufrêne E, Davi H, François C, et al. Modelling carbon and water cycles in a beech forest: Part I: Model description and uncertainty analysis on modelled NEE. Ecological Modelling, 2005, 185（2—4）: 407—436.

[42] 陈奕竹, 郎伟光, 陈效逑. 中国北方树木秋季物候的过程模拟及其区域分异归因. 植物生态学报, 2022, 46（7）: 753—765.

[43] Chuine I, Cour P, Rousseau D D. Fitting models predicting dates of flowering of temperate-zone trees using simulated annealing. Plant, Cell & Environment, 1998, 21（5）: 455—466.

[44] Archetti M, Richardson A D, O'Keefe J, et al. Predicting climate change impacts on the amount and duration of autumn colors in a New England forest. PLoS One, 2013, 8（3）: e57373.

[45] Chuine I, Cambon G, Comtois P. Scaling phenology from the local to the regional level: Advances from species-specific phenological models. Global Change Biology, 2000, 6: 943—952.

[46] Linkosalo T, Lappalainen H K, Hari P. A comparison of phenological models of leaf budburst and flowering of boreal trees using independent observations. Tree Physiology, 2008, 28（12）: 1873—1882.

[47] Richardson A D, O'Keefe J. Phenological differences between understory and overstory: A case study using the long-term Harvard forest record// Noormets A. Phenology of Ecosystem Processes: Applications in Global Change Research. Dordrecht, Heidelberg, London, New York: Springer, 2009.

[48] Parker A K, De Cortazar-Atauri I G, Van Leeuwen C, et al. General

phenological model to characterise the timing of flowering and veraison of *Vitis vinifera* L. Australian Journal of Grape and Wine Research, 2011, 17（2）：206—216.

[49] Vitasse Y, François C, Delpierre N, et al. Assessing the effects of climate change on the phenology of European temperate trees. Agricultural and Forest Meteorology, 2011, 151：969—980.

[50] Fu Y H, Campioli M, Van Oijen M, et al. Bayesian comparison of six different temperature-based budburst models for four temperate tree species. Ecological Modelling, 2012, 230：92—100.

[51] Estiarte M, Peñuelas J. Alteration of the phenology of leaf senescence and fall in winter deciduous species by climate change：Effects on nutrient proficiency. Global Change Biology, 2015, 21（3）：1005—1017.

国家植物园的物候日历

月　份	物候现象	统计年数/年	多年平均发生日期(月.日)	最早发生日期(月.日)	最晚发生日期(月.日)	标准差/天
隆　冬（1种）						
2月	蜡梅芽开始膨大期	12	2.7	1.15	3.1	13.8
早　春（41种）						
2月	蜡梅花序或花蕾出现期	11	2.14	1.26	3.8	13.3
	榆树芽开始膨大期	15	2.19	1.27	3.9	12.6
	旱柳芽开始膨大期	11	2.19	2.12	2.27	5.0
	蜡梅开花始期	33	2.25	1.29	3.23	13.1
	迎春花芽开始膨大期	29	2.27	2.5	3.26	10.3
	山桃芽开始膨大期	20	2.27	2.13	3.12	8.3
	龙爪柳芽开始膨大期	11	2.27	2.15	3.8	8.1
	珍珠梅芽开始膨大期	20	2.28	2.14	3.17	8.1
	毛白杨芽开放期	28	2.28	2.8	4.7	15.2
	贴梗海棠芽开始膨大期	29	2.28	2.10	3.24	10.3
3月	榆树芽开放期	24	3.2	2.12	4.7	13.9
	绦柳芽开始膨大期	12	3.2	2.22	3.13	5.5
	蜡梅开花盛期	19	3.4	2.14	3.19	10.3
	迎春花芽开放期	7	3.4	2.22	3.15	7.6
	旱柳芽开放期	38	3.5	2.13	3.26	10.4
	棣棠芽开始膨大期	30	3.5	2.14	3.25	11.5
	华北落叶松芽开始膨大期	20	3.6	2.18	3.20	7.9

续表

月　份	物候现象	统计年数/年	多年平均发生日期（月.日）	最早发生日期（月.日）	最晚发生日期（月.日）	标准差/天
	珍珠梅芽开放期	26	3.6	2.18	3.24	9.8
	西府海棠芽开始膨大期	26	3.6	2.22	3.26	8.2
	榆叶梅芽开始膨大期	31	3.6	2.24	3.22	7.0
	牡丹芽开始膨大期	8	3.6	3.1	3.20	5.9
	黄刺玫芽开始膨大期	37	3.7	2.11	3.27	10.3
	木瓜芽开始膨大期	20	3.7	2.22	3.26	10.5
	龙爪柳芽开放期	34	3.8	2.13	4.1	9.6
	鸡麻芽开始膨大期	23	3.8	2.14	3.26	12.0
	山桃芽开放期	20	3.8	2.22	3.25	8.0
	白丁香芽开始膨大期	10	3.9	2.18	3.25	10.8
	毛白杨花序或花蕾出现期	31	3.9	2.18	4.1	9.2
	糠椴芽开始膨大期	11	3.9	2.22	3.22	8.4
	榆树花序或花蕾出现期	16	3.9	2.27	3.26	7.6
	紫丁香芽开始膨大期	25	3.10	2.22	3.26	8.6
	迎春花花序或花蕾出现期	27	3.10	2.28	3.31	8.4
	贴梗海棠芽开放期	18	3.11	2.5	3.26	13.3
	牡丹芽开放期	20	3.11	2.22	3.26	8.5
	小叶杨芽开始膨大期	27	3.11	2.28	3.27	6.2
	西洋接骨木芽开放期	12	3.11	2.29	3.25	9.1
	杏芽开始膨大期	18	3.11	3.2	3.26	7.4
	玫瑰芽开始膨大期	11	3.11	3.2	3.27	8.0
	丰花月季芽开始膨大期	5	3.11	3.3	3.22	7.5
	蒙椴芽开始膨大期	37	3.12	2.11	3.30	10.3
	圆柏芽开始膨大期	22	3.12	3.3	3.30	6.8

月　份	物候现象	统计年数/年	多年平均发生日期（月.日）	最早发生日期（月.日）	最晚发生日期（月.日）	标准差/天
初　春（67 种）						
	加拿大杨芽开始膨大期	17	3.13	2.20	3.27	8.4
	郁李芽开始膨大期	15	3.13	2.22	3.25	8.6
	连翘芽开始膨大期	35	3.13	2.29	4.1	7.5
	平枝枸子芽开始膨大期	11	3.13	3.3	3.22	5.6
	绦柳芽开放期	29	3.13	3.3	4.1	7.1
	华北落叶松芽开放期	29	3.14	2.22	3.27	7.8
	侧柏芽开始膨大期	8	3.14	3.1	3.21	6.4
	山茱萸芽开放期	17	3.15	2.18	3.30	9.9
	紫叶李芽开始膨大期	28	3.15	2.22	3.26	8.0
	侧柏芽开放期	10	3.15	2.22	3.31	12.2
	猬实芽开始膨大期	16	3.15	3.1	3.29	6.8
	油松芽开始膨大期	16	3.15	3.1	4.1	8.4
	色木槭芽开始膨大期	5	3.15	3.4	3.23	8.0
	榆叶梅芽开放期	21	3.15	3.6	3.29	7.5
	紫叶小檗芽开始膨大期	14	3.15	3.7	3.25	4.9
	三叶木通芽开始膨大期	11	3.16	2.22	3.31	9.1
	山楂芽开始膨大期	27	3.16	2.22	4.3	8.9
	七叶树芽开始膨大期	17	3.16	2.28	3.29	9.4
	杜仲芽开始膨大期	20	3.16	2.29	4.5	8.5
	大山樱芽开始膨大期	28	3.16	2.29	4.6	8.8
	玉兰芽开始膨大期	20	3.16	3.2	4.3	8.9
	山桃花序或花蕾出现期	26	3.16	3.3	3.27	6.3
	雪松芽开始膨大期	22	3.16	3.3	3.30	6.9
	鸡树条荚蒾芽开始膨大期	14	3.16	3.3	3.30	7.8
	银白杨芽开始膨大期	12	3.16	3.5	3.31	8.4

续表

月　份	物候现象	统计年数/年	多年平均发生日期（月.日）	最早发生日期（月.日）	最晚发生日期（月.日）	标准差/天
	杏芽开放期	19	3.16	3.7	3.27	5.9
	白杜芽开始膨大期	17	3.17	3.5	3.29	7.6
	榆树开花始期	20	3.17	3.5	3.31	7.6
	金银忍冬芽开始膨大期	24	3.17	3.5	4.1	6.4
	锦鸡儿芽开始膨大期	17	3.17	3.5	4.1	8.4
	迎春花开花始期	41	3.17	3.5	4.2	7.3
	北京丁香芽开始膨大期	26	3.17	3.5	4.3	7.9
	花叶丁香芽开始膨大期	20	3.18	3.5	4.1	7.3
	毛白杨开花始期	15	3.18	3.7	3.31	6.8
	东京樱花芽开始膨大期	12	3.18	3.7	4.8	9.7
	辽梅山杏芽开放期	12	3.18	3.8	3.29	6.6
	华北落叶松花序或花蕾出现期	10	3.18	3.9	4.1	6.5
	连翘芽开放期	10	3.18	3.11	4.2	6.4
	太平花芽开始膨大期	27	3.19	3.4	4.1	6.4
	西洋接骨木花序或花蕾出现期	19	3.19	3.6	4.7	9.2
	元宝槭芽开始膨大期	25	3.19	3.7	4.1	6.6
	平枝栒子芽开放期	15	3.19	3.7	4.2	7.5
	山茱萸花序或花蕾出现期	17	3.19	3.8	4.2	7.1
	西府海棠芽开放期	20	3.20	3.3	4.1	7.2
	木瓜芽开放期	15	3.20	3.7	3.31	7.0
	紫荆芽开始膨大期	10	3.20	3.11	3.29	7.4
	大叶朴芽开始膨大期	9	3.20	3.11	3.31	7.7
	毛白杨开花盛期	12	3.20	3.11	4.2	6.5
	郁李芽开放期	5	3.20	3.17	3.22	1.9

续表

月　份	物候现象	统计年数/年	多年平均发生日期（月.日）	最早发生日期（月.日）	最晚发生日期（月.日）	标准差/天
	白丁香芽开放期	14	3.21	3.7	4.7	9.2
	鸡树条荚蒾芽开放期	20	3.21	3.8	3.31	6.2
	黄刺玫芽开放期	29	3.21	3.8	4.4	7.5
	水杉芽开始膨大期	26	3.21	3.8	4.7	8.6
	加拿大杨芽开放期	18	3.21	3.10	4.3	6.5
	榆树开花末期	24	3.21	3.11	4.5	7.2
	连翘花序或花蕾出现期	14	3.21	3.14	3.29	4.4
	旱柳花序或花蕾出现期	30	3.22	2.24	4.7	9.4
	文冠果芽开始膨大期	33	3.22	3.5	4.7	7.6
	山桃开花始期	41	3.22	3.7	4.6	7.1
	紫叶小檗芽开放期	8	3.23	3.7	4.3	8.9
	辽梅山杏花序或花蕾出现期	18	3.23	3.7	4.5	6.2
	紫丁香芽开放期	18	3.23	3.7	4.7	8.4
	贴梗海棠展叶始期	29	3.23	3.8	4.7	9.2
	玉兰芽开放期	15	3.23	3.11	4.6	8.1
	小叶杨芽开放期	17	3.23	3.13	4.10	8.6
	小叶杨花序或花蕾出现期	15	3.23	3.14	4.1	5.8
	西洋接骨木展叶始期	9	3.23	3.14	4.2	7.3
	仲　春（428种）					
3月	锦鸡儿芽开放期	23	3.24	3.7	4.7	6.4
	山茱萸开花始期	13	3.24	3.11	4.8	7.1
	栾树芽开始膨大期	21	3.24	3.12	4.6	6.0
	猬实芽开放期	8	3.24	3.14	4.2	7.1
	加拿大杨花序或花蕾出现期	10	3.24	3.16	4.3	5.7

续表

月　份	物候现象	统计年数/年	多年平均发生日期（月.日）	最早发生日期（月.日）	最晚发生日期（月.日）	标准差/天
	圆柏芽开放期	8	3.24	3.17	4.1	4.9
	华北落叶松展叶始期	23	3.24	3.18	4.6	4.9
	大叶黄杨芽开始膨大期	7	3.24	3.19	3.31	4.6
	侧柏开花始期	13	3.25	3.7	4.6	7.8
	紫丁香花序或花蕾出现期	27	3.25	3.7	4.15	8.7
	龙爪柳花序或花蕾出现期	24	3.25	3.9	4.8	7.8
	杏花序或花蕾出现期	21	3.25	3.10	4.7	8.1
	刺槐芽开始膨大期	17	3.25	3.12	4.11	8.2
	白杜芽开放期	19	3.25	3.13	4.7	7.2
	蜡梅开花末期	28	3.25	3.14	4.6	6.0
	海仙花芽开始膨大期	8	3.25	3.14	4.6	8.4
	二色桃芽开始膨大期	22	3.25	3.16	4.7	6.9
	银杏芽开始膨大期	26	3.26	2.27	4.10	10.4
	北京丁香芽开放期	16	3.26	3.11	4.9	7.7
	绦柳花序或花蕾出现期	17	3.26	3.11	4.10	8.1
	迎春花开花盛期	29	3.26	3.14	4.7	6.7
	平枝枸子展叶始期	18	3.26	3.16	4.7	6.1
	山桃开花盛期	18	3.26	3.16	4.8	5.9
	白蜡树芽开始膨大期	13	3.26	3.16	4.8	7.0
	桑芽开始膨大期	14	3.26	3.16	4.8	7.1
	玫瑰芽开放期	9	3.26	3.19	4.6	6.7
	紫叶小檗展叶始期	11	3.26	3.19	4.7	5.8
	花叶丁香芽开放期	8	3.26	3.20	4.7	7.5
	珍珠梅展叶始期	25	3.27	3.7	4.8	7.1
	柿树芽开始膨大期	27	3.27	3.12	5.1	10.0
	榆叶梅花序或花蕾出现期	31	3.27	3.13	4.15	7.6

续表

月　　份	物候现象	统计年数/年	多年平均发生日期（月.日）	最早发生日期（月.日）	最晚发生日期（月.日）	标准差/天
	四照花芽开始膨大期	8	3.27	3.14	4.9	8.8
	毛白杨开花末期	27	3.27	3.16	4.10	6.8
	山茱萸开花盛期	8	3.27	3.19	4.6	5.4
	加拿大杨开花始期	10	3.27	3.21	4.4	4.7
	贴梗海棠花序或花蕾出现期	25	3.28	3.7	4.19	12.7
	连翘开花始期	39	3.28	3.11	4.10	6.5
	白桦芽开始膨大期	28	3.28	3.14	4.15	7.0
	海仙花芽开放期	10	3.28	3.15	4.15	8.7
	枫杨芽开始膨大期	13	3.28	3.19	4.6	5.2
	绦柳展叶始期	9	3.28	3.19	4.10	6.0
	西府海棠展叶始期	16	3.28	3.20	4.8	6.8
	玉兰花序或花蕾出现期	13	3.28	3.20	4.9	6.2
	金银忍冬芽开放期	9	3.28	3.22	4.7	6.1
	猬实展叶始期	21	3.29	3.17	4.7	6.2
	白丁香展叶始期	10	3.29	3.17	4.7	6.3
	圆柏开花始期	16	3.29	3.18	4.7	6.4
	大叶朴芽开放期	10	3.29	3.19	4.15	8.5
	白丁香花序或花蕾出现期	18	3.29	3.21	4.10	6.7
	侧柏开花末期	20	3.29	3.21	4.17	7.0
	枫杨芽开放期	7	3.29	3.22	4.9	6.7
	华北落叶松开花始期	10	3.29	3.23	4.7	4.9
	棣棠芽开放期	25	3.30	3.10	4.15	9.2
	桂香柳芽开始膨大期	15	3.30	3.11	4.19	10.6
	杜仲芽开放期	19	3.30	3.14	4.14	9.3
	辽梅山杏开花始期	14	3.30	3.15	4.14	7.3

续表

月 份	物候现象	统计年数/年	多年平均发生日期（月.日）	最早发生日期（月.日）	最晚发生日期（月.日）	标准差/天
	玉兰开花始期	39	3.30	3.15	4.15	6.9
	太平花芽开放期	24	3.30	3.16	4.10	6.1
	紫叶李芽开放期	8	3.30	3.16	4.10	8.3
	花叶丁香花序或花蕾出现期	22	3.30	3.17	4.18	8.3
	鸡麻芽开放期	17	3.30	3.19	4.10	6.0
	龙爪柳展叶始期	13	3.30	3.19	4.10	6.7
	旱柳展叶始期	11	3.30	3.19	4.10	7.9
	云杉芽开始膨大期	6	3.30	3.20	4.12	8.2
	平枝栒子展叶盛期	15	3.30	3.21	4.7	5.8
	加拿大杨开花盛期	6	3.30	3.21	4.10	7.9
	绦柳展叶盛期	11	3.30	3.21	4.12	7.1
	贴梗海棠展叶盛期	29	3.30	3.21	4.13	6.2
	小叶杨开花始期	11	3.30	3.22	4.10	6.9
	大山樱芽开放期	13	3.30	3.24	4.9	5.0
	银白杨花序或花蕾出现期	8	3.30	3.26	4.6	3.8
	西府海棠花序或花蕾出现期	23	3.31	3.7	4.15	9.5
	连翘开花盛期	24	3.31	3.15	4.12	6.6
	木瓜展叶始期	20	3.31	3.15	4.24	8.3
	旱柳开花始期	8	3.31	3.17	4.12	8.7
	华山松芽开始膨大期	13	3.31	3.17	4.16	8.6
	胡桃芽开始膨大期	16	3.31	3.20	4.10	5.7
	小叶杨开花末期	18	3.31	3.22	4.9	5.2
	西洋接骨木展叶盛期	9	3.31	3.25	4.7	5.3
4 月	白皮松芽开始膨大期	6	4.1	3.6	4.10	13.2

续表

月　份	物候现象	统计年数/年	多年平均发生日期（月.日）	最早发生日期（月.日）	最晚发生日期（月.日）	标准差/天
	华北落叶松开花末期	14	4.1	3.15	4.10	6.9
	杏开花始期	19	4.1	3.15	4.14	7.3
	一球悬铃木芽开始膨大期	20	4.1	3.17	4.12	7.5
	圆柏开花末期	19	4.1	3.17	4.17	7.5
	白蜡树花序或花蕾出现期	19	4.1	3.19	4.14	7.8
	臭椿芽开始膨大期	23	4.1	3.20	4.26	9.2
	金银忍冬展叶始期	18	4.1	3.21	4.13	5.9
	毛梾芽开放期	25	4.1	3.21	4.15	7.1
	紫玉兰花序或花蕾出现期	15	4.1	3.22	4.13	7.3
	水杉芽开放期	19	4.1	3.22	4.15	7.3
	龙爪柳展叶盛期	9	4.1	3.22	4.19	8.5
	雪松芽开放期	13	4.1	3.23	4.10	6.0
	紫叶李花序或花蕾出现期	9	4.1	3.25	4.9	5.0
	杏开花盛期	12	4.1	3.26	4.12	4.8
	紫藤芽开始膨大期	19	4.2	3.14	4.24	9.1
	木槿芽开始膨大期	14	4.2	3.15	4.10	8.0
	北京丁香展叶始期	18	4.2	3.15	4.12	6.9
	七叶树芽开放期	8	4.2	3.15	4.15	9.7
	楸树芽开始膨大期	20	4.2	3.17	4.15	8.4
	龙爪柳开花始期	14	4.2	3.17	4.16	7.8
	紫丁香展叶始期	23	4.2	3.21	4.19	7.0
	银白杨开花始期	8	4.2	3.22	4.11	6.4
	大叶朴花序或花蕾出现期	5	4.2	3.22	4.19	10.4
	紫荆花序或花蕾出现期	13	4.2	3.25	4.19	6.7
	文冠果芽开放期	16	4.2	3.26	4.9	4.6
	小叶杨展叶始期	11	4.2	3.26	4.12	4.7

续表

月　份	物候现象	统计年数/年	多年平均发生日期（月.日）	最早发生日期（月.日）	最晚发生日期（月.日）	标准差/天
	绦柳开花盛期	8	4.2	3.26	4.12	5.8
	鸡树条荚蒾展叶始期	16	4.2	3.26	4.16	5.7
	糠椴芽开放期	6	4.2	3.28	4.9	4.0
	杉松芽开始膨大期	6	4.3	3.14	4.16	11.1
	西府海棠展叶盛期	19	4.3	3.15	4.15	8.2
	三叶木通展叶始期	7	4.3	3.17	4.14	8.9
	黄刺玫展叶始期	28	4.3	3.17	4.15	6.9
	东京樱花芽开放期	15	4.3	3.20	4.13	7.4
	山桃开花末期	26	4.3	3.22	4.13	5.3
	栾树芽开放期	20	4.3	3.22	4.15	5.8
	玉兰开花盛期	18	4.3	3.22	4.18	7.4
	元宝槭芽开放期	13	4.3	3.23	4.17	7.3
	鼠李芽开始膨大期	11	4.3	3.25	4.13	6.0
	锦鸡儿展叶始期	22	4.3	3.25	4.16	6.3
	元宝槭花序或花蕾出现期	14	4.3	3.26	4.19	6.2
	牡丹展叶始期	10	4.3	3.27	4.10	4.4
	旱柳展叶盛期	7	4.3	3.27	4.16	8.6
	加拿大杨开花末期	8	4.3	3.29	4.12	5.0
	华北落叶松展叶盛期	20	4.4	3.15	4.17	7.7
	紫叶小檗花序或花蕾出现期	10	4.4	3.17	4.13	8.6
	二色桃芽开放期	14	4.4	3.19	4.16	8.4
	郁李花序或花蕾出现期	16	4.4	3.21	4.15	7.7
	银杏芽开放期	24	4.4	3.22	4.17	7.7
	蒙椴芽开放期	22	4.4	3.22	4.19	7.6
	刺槐芽开放期	26	4.4	3.22	4.24	6.6

续表

月　份	物候现象	统计年数/年	多年平均发生日期（月.日）	最早发生日期（月.日）	最晚发生日期（月.日）	标准差/天
	四照花芽开放期	20	4.4	3.25	4.15	6.6
	柿树芽开放期	11	4.4	3.26	4.13	6.0
	花叶丁香展叶始期	10	4.4	3.26	4.16	6.5
	珍珠梅展叶盛期	20	4.4	3.27	4.15	6.1
	大叶黄杨展叶始期	5	4.4	3.28	4.9	5.2
	紫叶小檗展叶盛期	7	4.4	3.28	4.15	6.7
	大山樱花序或花蕾出现期	9	4.4	3.31	4.15	5.3
	白杜展叶始期	27	4.5	3.17	4.16	6.7
	紫叶李展叶始期	25	4.5	3.17	4.19	7.2
	太平花展叶始期	23	4.5	3.19	4.19	7.1
	龙爪柳开花盛期	13	4.5	3.25	4.18	6.9
	山桃展叶始期	20	4.5	3.25	4.19	7.2
	榆叶梅展叶始期	22	4.5	3.25	4.19	7.2
	北京丁香展叶盛期	14	4.5	3.25	4.20	7.5
	白桦芽开放期	26	4.5	3.26	4.16	4.6
	紫玉兰开花始期	18	4.5	3.26	4.24	6.8
	枫杨展叶始期	13	4.5	3.29	4.16	5.6
	牡丹展叶盛期	8	4.5	3.30	4.12	4.1
	盐肤木芽开始膨大期	5	4.5	4.1	4.9	3.8
	花椒树芽开放期	6	4.6	3.22	4.14	9.0
	楸树芽开放期	21	4.6	3.22	4.22	8.6
	毛泡桐芽开始膨大期	10	4.6	3.24	4.17	7.5
	榆叶梅开花始期	38	4.6	3.24	4.23	6.1
	文冠果花序或花蕾出现期	31	4.6	3.25	4.17	6.1
	山楂芽开放期	11	4.6	3.25	4.19	7.5
	杭子梢芽开始膨大期	5	4.6	3.26	4.12	6.8

续表

月　份	物候现象	统计年数/年	多年平均发生日期（月.日）	最早发生日期（月.日）	最晚发生日期（月.日）	标准差/天
	一球悬铃木芽开放期	16	4.6	3.26	4.20	8.1
	火炬树芽开始膨大期	6	4.6	3.27	4.11	5.6
	海仙花展叶始期	22	4.6	3.27	4.19	5.6
	盐肤木芽开放期	5	4.6	3.28	4.11	5.4
	槐芽开始膨大期	10	4.6	3.29	4.12	4.9
	胡桃芽开放期	14	4.6	3.30	4.19	4.9
	杂种鹅掌楸芽开放期	6	4.6	4.1	4.13	4.3
	银白杨开花盛期	4	4.6	4.2	4.9	3.6
	三叶木通展叶盛期	5	4.6	4.2	4.14	4.4
	贴梗海棠开花始期	39	4.7	3.13	4.26	7.6
	紫叶李开花始期	18	4.7	3.19	4.24	8.7
	紫丁香开花始期	41	4.7	3.22	4.24	8.1
	黄刺玫展叶盛期	19	4.7	3.25	4.24	6.9
	白丁香展叶盛期	7	4.7	3.26	4.15	6.5
	锦鸡儿展叶盛期	11	4.7	3.26	4.16	5.8
	连翘展叶始期	22	4.7	3.26	4.22	8.2
	大叶朴开花末期	10	4.7	3.26	4.24	7.8
	皂荚芽开始膨大期	12	4.7	3.27	4.17	6.0
	栗芽开始膨大期	16	4.7	3.28	4.17	5.6
	小叶杨展叶盛期	10	4.7	3.29	4.19	6.5
	紫丁香展叶盛期	14	4.7	3.29	4.22	6.4
	旱柳开花盛期	9	4.7	3.29	4.28	8.8
	构树芽开始膨大期	7	4.7	3.31	4.13	5.3
	加拿大杨展叶始期	14	4.7	3.31	4.16	5.0
	龙爪柳开花末期	16	4.7	3.31	4.22	5.7
	桑花序或花蕾出现期	8	4.7	4.1	4.12	4.1

续表

月 份	物候现象	统计年数/年	多年平均发生日期（月.日）	最早发生日期（月.日）	最晚发生日期（月.日）	标准差/天
	绦柳开花末期	7	4.7	4.1	4.22	7.3
	山桃展叶盛期	15	4.7	4.2	4.15	3.9
	桂香柳芽开放期	12	4.7	4.2	4.17	5.3
	郁李展叶始期	8	4.8	3.19	4.22	10.3
	棣棠花序或花蕾出现期	12	4.8	3.26	4.22	7.3
	迎春花开花末期	41	4.8	3.26	4.24	6.7
	锦鸡儿花序或花蕾出现期	10	4.8	3.26	4.24	8.3
	棣棠展叶始期	22	4.8	3.27	4.19	5.9
	鸡麻展叶始期	14	4.8	3.27	4.19	6.3
	杜仲展叶始期	13	4.8	3.27	4.24	8.0
	三叶木通花序或花蕾出现期	9	4.8	3.28	4.18	6.2
	木槿芽开放期	26	4.8	3.29	4.24	7.1
	二色桃花序或花蕾出现期	18	4.8	3.29	4.26	7.1
	龙爪槐芽开始膨大期	11	4.8	3.30	4.19	5.9
	大山樱展叶始期	9	4.8	3.31	4.19	5.5
	杏开花末期	27	4.8	3.31	4.23	5.7
	鸡树条荚蒾展叶盛期	14	4.8	4.1	4.19	5.8
	枫杨展叶盛期	12	4.8	4.1	4.19	5.9
	七叶树展叶始期	9	4.8	4.1	4.22	6.5
	杜仲花序或花蕾出现期	5	4.8	4.2	4.13	4.2
	银白杨开花末期	5	4.8	4.2	4.17	6.5
	猬实展叶盛期	12	4.8	4.2	4.19	5.5
	雪松展叶始期	12	4.8	4.2	4.24	5.8
	辽梅山杏开花末期	11	4.8	4.2	4.26	6.8
	玫瑰展叶始期	9	4.8	4.3	4.13	3.8

续表

月 份	物候现象	统计年数/年	多年平均发生日期（月.日）	最早发生日期（月.日）	最晚发生日期（月.日）	标准差/天
	木瓜展叶盛期	10	4.8	4.3	4.16	4.6
	大山樱开花始期	10	4.8	4.3	4.17	4.6
	牡丹花序或花蕾出现期	21	4.9	3.17	4.24	10.3
	栾树展叶始期	21	4.9	3.24	4.24	7.9
	鸡树条荚蒾花序或花蕾出现期	17	4.9	3.26	4.28	7.8
	蜡梅展叶始期	28	4.9	3.28	4.28	7.3
	毛泡桐芽开放期	13	4.9	3.31	4.24	7.7
	水杉展叶始期	15	4.9	4.1	4.19	6.2
	油松芽开放期	6	4.9	4.1	4.22	7.7
	连翘展叶盛期	16	4.9	4.1	4.24	7.6
	紫藤芽开放期	15	4.9	4.1	5.1	7.6
	银杏花序或花蕾出现期	9	4.9	4.2	4.14	3.7
	迎春花展叶始期	13	4.9	4.2	4.17	5.1
	美国凌霄芽开放期	10	4.9	4.2	4.18	5.9
	金银忍冬展叶盛期	14	4.9	4.2	4.19	4.6
	花叶丁香展叶盛期	10	4.9	4.2	4.19	5.7
	钻天杨开花末期	5	4.9	4.3	4.15	4.7
	大山樱开花盛期	5	4.9	4.4	4.15	5.1
	杂种鹅掌楸展叶始期	7	4.9	4.6	4.16	3.4
	紫荆开花始期	10	4.10	3.24	4.26	10.0
	龙爪槐芽开放期	11	4.10	3.31	4.17	5.2
	山茱萸开花末期	20	4.10	3.31	4.22	6.0
	木瓜花序或花蕾出现期	5	4.10	3.31	4.22	7.9
	紫玉兰展叶始期	21	4.10	3.31	4.28	6.8
	枫杨开花始期	5	4.10	4.1	4.17	6.2

续表

月　份	物候现象	统计年数/年	多年平均发生日期（月.日）	最早发生日期（月.日）	最晚发生日期（月.日）	标准差/天
	辽梅山杏展叶始期	11	4.10	4.1	4.19	5.5
	白丁香开花始期	18	4.10	4.1	4.21	5.9
	臭椿芽开放期	13	4.10	4.1	4.22	5.9
	杏展叶始期	18	4.10	4.1	4.24	6.5
	榆树展叶始期	9	4.10	4.2	4.16	4.5
	二色桃展叶始期	13	4.10	4.2	4.18	3.8
	蒙椴展叶始期	12	4.10	4.2	4.19	5.3
	元宝槭开花始期	20	4.10	4.2	4.22	6.0
	太平花展叶盛期	14	4.10	4.2	4.22	6.3
	紫玉兰开花盛期	14	4.10	4.2	4.26	7.0
	杜仲展叶盛期	7	4.10	4.9	4.14	1.7
	油松花序或花蕾出现期	19	4.11	3.19	4.28	10.4
	白杜展叶盛期	11	4.11	3.25	4.22	8.1
	梧桐芽开始膨大期	8	4.11	3.26	4.22	10.3
	旱柳开花末期	15	4.11	3.30	5.4	9.3
	银杏展叶始期	9	4.11	3.31	4.21	7.1
	黄金树芽开始膨大期	25	4.11	3.31	4.24	5.6
	玉兰展叶始期	25	4.11	3.31	4.26	6.7
	加拿大杨展叶盛期	14	4.11	4.1	4.22	5.8
	元宝槭展叶始期	10	4.11	4.1	4.23	6.4
	白桦展叶始期	18	4.11	4.1	4.24	6.4
	棣棠展叶盛期	11	4.11	4.1	4.24	6.9
	玉兰开花末期	25	4.11	4.1	4.24	7.2
	楸树展叶始期	22	4.11	4.1	4.26	6.1
	鼠李展叶始期	18	4.11	4.1	4.28	7.8
	鸡麻展叶盛期	8	4.11	4.2	4.21	5.2

续表

月 份	物候现象	统计年数/年	多年平均发生日期（月.日）	最早发生日期（月.日）	最晚发生日期（月.日）	标准差/天
	槐芽开放期	8	4.11	4.3	4.17	5.8
	银杏展叶盛期	18	4.11	4.3	4.26	6.1
	榆叶梅展叶盛期	12	4.11	4.5	4.24	5.6
	锦带花展叶始期	5	4.11	4.6	4.19	5.1
	迎春花展叶盛期	8	4.12	3.14	4.24	13.8
	郁李开花始期	12	4.12	3.31	4.26	8.5
	紫叶李开花盛期	15	4.12	4.1	4.22	7.0
	毛白杨展叶始期	18	4.12	4.1	4.24	5.8
	北京丁香花序或花蕾出现期	14	4.12	4.1	4.25	6.4
	白桦开花始期	19	4.12	4.2	4.24	5.3
	四照花展叶始期	11	4.12	4.2	4.24	5.9
	紫叶李展叶盛期	14	4.12	4.2	4.24	6.2
	毛梾展叶始期	16	4.12	4.2	4.24	6.4
	锦鸡儿开花始期	18	4.12	4.2	4.26	5.9
	七叶树展叶盛期	11	4.12	4.2	5.12	10.4
	胡桃展叶始期	17	4.12	4.3	4.26	5.0
	山茱萸展叶始期	14	4.12	4.4	4.22	5.3
	东京樱花花序或花蕾出现期	5	4.12	4.5	4.19	5.3
	东京樱花展叶盛期	5	4.12	4.5	4.22	7.2
	皂荚芽开放期	5	4.12	4.5	4.26	8.6
	糠椴展叶盛期	6	4.12	4.6	4.16	3.9
	白蜡树开花始期	11	4.12	4.9	4.24	4.2
	白蜡树展叶始期	10	4.13	3.29	4.25	7.4
	白蜡树开花盛期	6	4.13	3.29	4.26	10.1

续表

月　份	物候现象	统计年数/年	多年平均发生日期（月.日）	最早发生日期（月.日）	最晚发生日期（月.日）	标准差/天
	四照花花序或花蕾出现期	23	4.13	3.31	4.24	6.6
	黄刺玫花序或花蕾出现期	21	4.13	3.31	4.27	8.2
	金银忍冬花序或花蕾出现期	24	4.13	3.31	4.29	7.7
	毛泡桐花序或花蕾出现期	12	4.13	4.1	4.24	6.1
	元宝槭开花盛期	13	4.13	4.1	4.24	6.2
	栾树展叶盛期	13	4.13	4.1	5.1	8.0
	紫荆展叶始期	13	4.13	4.2	4.24	7.2
	紫荆开花盛期	13	4.13	4.2	4.26	6.1
	贴梗海棠开花盛期	19	4.13	4.3	4.29	6.3
	酸枣芽开始膨大期	7	4.13	4.6	4.22	5.5
	紫藤花序或花蕾出现期	15	4.13	4.6	4.28	7.6
	银白杨展叶盛期	5	4.13	4.7	4.18	4.7
	元宝槭展叶盛期	9	4.13	4.7	4.20	4.7
	榆叶梅开花盛期	18	4.13	4.7	4.22	4.6
	大叶朴展叶始期	7	4.13	4.7	4.24	5.5
	白丁香开花盛期	17	4.13	4.7	4.25	5.0
	云杉花序或花蕾出现期	6	4.13	4.8	4.18	4.5
	钻天杨展叶始期	5	4.13	4.8	4.19	4.8
	郁李展叶盛期	5	4.13	4.9	4.17	3.4
	合欢芽开始膨大期	5	4.13	4.9	4.22	5.0
	西府海棠开花始期	21	4.14	3.31	4.27	6.7
	二色桃开花始期	22	4.14	4.1	5.3	7.4
	山楂展叶始期	8	4.14	4.2	4.26	6.6
	花叶丁香开花始期	21	4.14	4.2	4.27	6.4
	紫叶小檗开花始期	6	4.14	4.3	4.22	6.5

续表

月 份	物候现象	统计年数/年	多年平均发生日期（月.日）	最早发生日期（月.日）	最晚发生日期（月.日）	标准差/天
	杏展叶盛期	9	4.14	4.4	4.26	7.2
	荆条芽开始膨大期	5	4.14	4.5	4.24	7.0
	海仙花展叶盛期	14	4.14	4.5	5.3	7.9
	枣芽开始膨大期	12	4.14	4.7	4.24	5.6
	柿树展叶始期	17	4.14	4.7	4.28	5.3
	东京樱花开花始期	9	4.14	4.8	4.21	5.5
	柿树展叶盛期	10	4.14	4.9	4.20	4.5
	四照花展叶盛期	6	4.14	4.9	4.22	4.9
	栗芽开放期	5	4.14	4.9	4.24	7.3
	圆柏展叶始期	5	4.14	4.12	4.17	2.2
	猬实花序或花蕾出现期	20	4.15	3.31	5.1	8.2
	一球悬铃木花序或花蕾出现期	17	4.15	4.4	5.6	8.4
	孩儿拳头芽开放期	7	4.15	4.5	4.24	7.3
	一球悬铃木展叶始期	11	4.15	4.7	4.24	6.0
	楸树花序或花蕾出现期	7	4.15	4.7	4.28	7.8
	皂荚展叶始期	9	4.15	4.8	4.21	4.2
	紫玉兰展叶盛期	7	4.15	4.9	4.22	4.2
	花椒树展叶始期	5	4.15	4.9	4.22	5.1
	蜡梅展叶盛期	19	4.15	4.9	4.23	4.8
	毛白杨展叶盛期	11	4.15	4.9	4.24	5.7
	鼠李展叶盛期	7	4.15	4.9	4.28	7.5
	毛梾展叶盛期	6	4.15	4.9	5.1	8.0
	大山樱开花末期	14	4.15	4.10	4.24	4.7
	白桦开花盛期	5	4.15	4.11	4.22	5.0
	枫杨开花盛期	5	4.15	4.11	4.28	7.1

续表

月　份	物候现象	统计年数/年	多年平均发生日期（月.日）	最早发生日期（月.日）	最晚发生日期（月.日）	标准差/天
	桂香柳展叶始期	17	4.16	3.31	5.1	7.8
	山楂花序或花蕾出现期	20	4.16	4.2	5.3	8.0
	郁李开花盛期	8	4.16	4.4	5.1	8.4
	辽梅山杏展叶盛期	6	4.16	4.7	4.26	7.4
	雪松展叶盛期	15	4.16	4.9	4.23	4.6
	杂种鹅掌楸展叶盛期	5	4.16	4.9	4.24	6.2
	紫丁香开花盛期	20	4.16	4.9	4.28	5.6
	刺槐展叶始期	20	4.16	4.9	5.1	6.5
	水杉展叶盛期	5	4.16	4.9	5.6	11.7
	青杆展叶始期	5	4.16	4.10	4.22	4.5
	桂香柳展叶盛期	7	4.16	4.10	4.27	6.0
	酸枣芽开放期	9	4.16	4.10	4.29	6.6
	东京樱花开花盛期	7	4.16	4.11	4.22	4.0
	毛梾花序或花蕾出现期	23	4.17	3.31	5.7	8.6
	紫荆展叶盛期	13	4.17	4.1	4.29	9.0
	棣棠开花始期	20	4.17	4.1	5.1	8.4
	木槿展叶始期	17	4.17	4.1	5.6	8.8
	美国凌霄展叶盛期	6	4.17	4.5	4.24	7.3
	紫玉兰开花末期	11	4.17	4.5	4.27	6.5
	栗展叶始期	7	4.17	4.9	4.26	5.8
	一球悬铃木展叶盛期	11	4.17	4.9	4.28	5.8
	胡桃展叶盛期	14	4.17	4.9	5.1	5.6
	鸡麻开花始期	16	4.17	4.9	5.1	6.5
	楸树展叶盛期	20	4.17	4.9	5.6	6.6
	杉松展叶始期	5	4.17	4.11	4.22	5.7
	栗展叶盛期	7	4.17	4.11	4.23	4.1

续表

月　份	物候现象	统计年数/年	多年平均发生日期（月.日）	最早发生日期（月.日）	最晚发生日期（月.日）	标准差/天
	木瓜开花始期	9	4.17	4.11	4.29	6.2
	太平花花序或花蕾出现期	31	4.18	3.31	5.4	7.2
	白杜花序或花蕾出现期	24	4.18	4.5	4.28	5.9
	鼠李花序或花蕾出现期	10	4.18	4.5	4.28	7.0
	桑展叶始期	7	4.18	4.8	4.27	6.9
	花椒树花序或花蕾出现期	6	4.18	4.9	4.26	5.7
	白蜡树开花末期	10	4.18	4.9	4.30	7.0
	西府海棠开花盛期	12	4.18	4.9	5.1	6.6
	玉兰展叶盛期	19	4.18	4.9	5.1	6.6
	白桦开花末期	16	4.18	4.10	4.30	6.3
	龙爪槐展叶始期	25	4.18	4.10	5.1	6.0
	臭椿展叶始期	8	4.18	4.12	4.28	5.5
	盐肤木展叶始期	5	4.18	4.14	4.22	3.5
	青杆开花盛期	5	4.18	4.14	4.30	6.8
	三叶木通开花始期	9	4.19	4.8	4.27	6.0
	紫叶李开花末期	22	4.19	4.9	4.29	6.6
	锦鸡儿开花盛期	16	4.19	4.9	5.1	7.0
	榆叶梅开花末期	19	4.19	4.9	5.7	7.8
	二色桃展叶盛期	9	4.19	4.11	4.27	5.8
	二色桃开花盛期	18	4.19	4.11	4.28	5.6
	一球悬铃木开花始期	7	4.19	4.12	4.26	5.5
	桑开花始期	5	4.19	4.13	4.26	6.1
	枣芽开放期	16	4.19	4.13	5.1	5.9
	紫薇芽开放期	10	4.20	3.26	5.7	11.6
	毛泡桐开花始期	17	4.20	4.9	4.29	6.2
	白蜡树展叶盛期	12	4.20	4.10	4.28	5.5

续表

月 份	物候现象	统计年数/年	多年平均发生日期（月.日）	最早发生日期（月.日）	最晚发生日期（月.日）	标准差/天
	银杏开花末期	11	4.20	4.11	4.26	4.2
	盐肤木展叶盛期	5	4.20	4.11	4.26	5.6
	紫叶小檗开花盛期	5	4.20	4.11	4.27	7.2
	花叶丁香开花盛期	10	4.20	4.11	4.28	5.0
	西洋接骨木开花始期	11	4.20	4.12	5.1	6.6
	木瓜开花盛期	8	4.20	4.14	4.27	5.4
	枫杨开花末期	11	4.20	4.15	4.27	4.0
	杭子梢展叶始期	6	4.20	4.16	4.26	3.6
	龙爪槐展叶盛期	7	4.20	4.17	4.24	3.2
	刺槐花序或花蕾出现期	14	4.21	4.9	5.6	9.1
	黄金树展叶始期	24	4.21	4.11	5.1	5.5
	文冠果开花始期	15	4.21	4.11	5.1	5.7
	槐展叶始期	18	4.21	4.11	5.3	6.2
	臭椿展叶盛期	14	4.21	4.11	5.4	5.9
	平枝枸子花序或花蕾出现期	9	4.21	4.11	5.4	6.9
	文冠果展叶始期	17	4.21	4.12	5.6	5.8
	构树展叶始期	6	4.21	4.13	4.27	5.5
	梧桐芽开放期	7	4.21	4.13	5.6	7.8
	胡桃开花始期	10	4.21	4.15	5.1	6.4
	紫藤展叶始期	11	4.21	4.15	5.5	5.9
	连翘开花末期	30	4.22	4.9	5.6	7.5
	东京樱花开花末期	10	4.22	4.9	5.7	8.8
	紫藤展叶盛期	5	4.22	4.10	5.1	8.1
	锦鸡儿开花末期	20	4.22	4.11	5.8	6.5
	云杉展叶始期	6	4.22	4.17	5.4	6.7
	火炬树展叶始期	5	4.22	4.18	4.28	4.1

续表

月 份	物候现象	统计年数/年	多年平均发生日期（月.日）	最早发生日期（月.日）	最晚发生日期（月.日）	标准差/天
	西府海棠开花末期	18	4.23	4.11	5.7	6.8
	刺槐展叶盛期	15	4.23	4.15	5.1	4.8
	蒙椴花序或花蕾出现期	25	4.23	4.15	6.1	10.0
	鸡麻开花盛期	10	4.23	4.18	5.1	4.1
	黄刺玫开花始期	37	4.24	4.9	5.7	7.2
	鸡树条荚蒾开花始期	18	4.24	4.11	5.7	6.2
	元宝槭开花末期	21	4.24	4.11	5.9	7.2
	木槿展叶盛期	16	4.24	4.11	5.11	6.7
	毛泡桐开花盛期	12	4.24	4.11	5.12	8.7
	紫薇展叶始期	20	4.24	4.11	5.14	7.2
	紫藤开花始期	18	4.24	4.13	5.6	6.5
	合欢芽开放期	15	4.24	4.16	5.7	5.6
	枣展叶始期	17	4.24	4.17	5.6	4.7
	白丁香开花末期	12	4.24	4.18	5.1	3.9
	酸枣展叶始期	7	4.24	4.18	5.6	6.1
	锦带花花序或花蕾出现期	7	4.24	4.18	5.6	6.5
	胡桃开花盛期	7	4.24	4.18	5.8	6.4
晚 春（64种）						
4月	油松展叶始期	28	4.25	4.11	5.7	7.0
	荆条展叶始期	5	4.25	4.15	5.6	8.8
	榆树果实成熟期	5	4.25	4.17	5.4	6.2
	青杆展叶盛期	6	4.25	4.17	5.4	6.7
	油松开花始期	12	4.25	4.17	5.5	5.7
	槐展叶盛期	7	4.25	4.18	4.28	3.6
	青杆开花末期	5	4.25	4.18	5.3	5.8
	皂荚展叶盛期	5	4.25	4.19	5.6	7.1

续表

月　份	物候现象	统计年数/年	多年平均发生日期（月.日）	最早发生日期（月.日）	最晚发生日期（月.日）	标准差/天
	贴梗海棠开花末期	31	4.26	4.11	5.9	7.7
	棣棠开花盛期	16	4.26	4.17	5.7	6.7
	牡丹开花始期	20	4.26	4.17	5.8	5.8
	黄金树展叶盛期	12	4.26	4.18	5.8	4.9
	荆条展叶盛期	5	4.26	4.19	5.12	9.3
	毛泡桐展叶始期	19	4.27	4.11	5.14	8.3
	紫荆开花末期	9	4.27	4.12	5.4	6.6
	旱柳果实脱落开始期	8	4.27	4.14	5.6	7.6
	柿树花序或花蕾出现期	14	4.27	4.17	5.6	6.1
	木瓜开花末期	10	4.27	4.21	5.4	4.3
	牡丹开花盛期	13	4.27	4.22	5.14	6.0
	榆树果实脱落开始期	6	4.28	4.13	5.13	10.5
	西洋接骨木开花盛期	13	4.28	4.17	5.18	9.9
	桂香柳花序或花蕾出现期	11	4.28	4.18	5.9	7.2
	酸枣展叶盛期	8	4.28	4.18	5.12	7.5
	锦带花开花始期	10	4.28	4.18	5.14	8.4
	文冠果开花盛期	12	4.28	4.20	6.11	14.0
	楸树开花始期	6	4.28	4.21	5.9	6.2
	紫叶小檗开花末期	10	4.28	4.22	5.3	3.8
	油松开花盛期	12	4.28	4.22	5.8	5.1
	梧桐展叶始期	14	4.28	4.22	5.13	5.4
	七叶树花序或花蕾出现期	5	4.28	4.23	5.8	7.5
	文冠果展叶盛期	5	4.28	4.24	5.4	4.0
	云杉开花末期	5	4.28	4.24	5.4	4.6
	楸树开花盛期	13	4.28	4.24	5.8	4.2
	黄刺玫开花盛期	12	4.29	4.14	5.13	8.6

续表

月 份	物候现象	统计年数/年	多年平均发生日期（月.日）	最早发生日期（月.日）	最晚发生日期（月.日）	标准差/天
	梧桐展叶盛期	7	4.29	4.18	5.4	5.4
	紫藤开花盛期	18	4.29	4.18	5.9	6.8
	紫薇展叶盛期	12	4.29	4.18	5.11	7.0
	猬实开花始期	11	4.29	4.22	5.13	6.6
	紫丁香开花末期	18	4.29	4.23	5.13	5.4
	枣展叶盛期	10	4.29	4.24	5.4	3.1
	胡桃开花末期	7	4.29	4.24	5.7	4.8
	毛泡桐展叶盛期	10	4.29	4.24	5.9	4.5
	海仙花花序或花蕾出现期	11	4.30	4.22	5.15	8.2
	绦柳果实脱落开始期	5	4.30	4.23	5.10	6.4
	桑开花末期	8	4.30	4.23	5.11	5.7
	刺槐开花始期	12	4.30	4.23	5.14	6.0
	臭椿花序或花蕾出现期	13	4.30	4.24	5.11	6.3
	金银忍冬开花始期	14	4.30	4.24	5.14	5.9
5月	白皮松花序或花蕾出现期	6	5.1	4.24	5.9	6.1
	栗花序或花蕾出现期	11	5.2	4.17	5.17	9.1
	鸡树条荚蒾开花盛期	7	5.2	4.20	5.15	8.2
	花叶丁香开花末期	12	5.2	4.24	5.15	6.5
	油松开花末期	17	5.2	4.25	5.13	5.5
	旱柳果实脱落末期	5	5.2	4.26	5.10	6.6
	二色桃开花末期	25	5.3	4.20	5.20	7.4
	华山松展叶始期	20	5.4	4.24	5.14	6.1
	文冠果开花末期	14	5.4	4.24	5.16	5.9
	山楂开花始期	6	5.4	4.26	5.13	6.6
	合欢展叶始期	13	5.4	4.27	5.14	4.9
	鼠李开花盛期	5	5.5	4.17	5.23	12.9

月　份	物候现象	统计年数/年	多年平均发生日期（月.日）	最早发生日期（月.日）	最晚发生日期（月.日）	标准差/天
	郁李开花末期	8	5.5	4.24	5.14	6.9
	平枝栒子开花始期	11	5.5	4.25	5.16	6.6
	珍珠梅花序或花蕾出现期	13	5.5	4.26	5.13	5.2
	玫瑰花序或花蕾出现期	6	5.5	4.26	5.16	8.0
初　夏（92种）						
5月	鼠李开花末期	5	5.6	4.22	5.13	8.3
	楸树开花末期	11	5.6	4.29	5.19	5.1
	金银忍冬开花盛期	7	5.6	5.3	5.11	3.1
	刺槐开花盛期	10	5.6	5.3	5.12	3.2
	猬实开花盛期	13	5.6	5.4	5.10	2.1
	黄刺玫开花末期	22	5.7	4.20	5.20	8.5
	西洋接骨木开花末期	9	5.7	4.24	5.16	6.8
	四照花开花始期	6	5.7	5.4	5.13	3.6
	枣花序或花蕾出现期	15	5.8	4.25	5.20	6.4
	鸡麻开花末期	22	5.8	4.26	5.20	6.7
	黄金树花序或花蕾出现期	13	5.8	4.29	5.19	5.4
	平枝栒子开花盛期	9	5.8	5.3	5.13	3.7
	牡丹开花末期	12	5.8	5.3	5.16	4.8
	白皮松开花始期	11	5.8	5.4	5.18	4.0
	酸枣花序或花蕾出现期	15	5.9	4.25	5.20	8.0
	杂种鹅掌楸开花盛期	8	5.9	4.29	5.23	7.4
	山楂开花末期	10	5.9	4.30	5.17	4.9
	合欢展叶盛期	14	5.9	5.3	5.20	4.7
	四照花开花盛期	9	5.10	4.1	5.20	15.4
	栾树花序或花蕾出现期	10	5.10	4.17	5.30	13.8
	白皮松展叶始期	19	5.10	4.27	5.20	5.6

续表

月　份	物候现象	统计年数/年	多年平均发生日期（月.日）	最早发生日期（月.日）	最晚发生日期（月.日）	标准差/天
	小叶杨果实脱落开始期	5	5.10	5.1	5.27	10.1
	华山松开花始期	6	5.10	5.5	5.16	4.0
	毛梾开花始期	8	5.10	5.5	5.17	4.5
	毛泡桐开花末期	20	5.11	4.24	5.23	8.2
	锦带花开花盛期	6	5.11	5.3	5.31	10.4
	白皮松开花末期	9	5.11	5.4	5.16	3.5
	鸡树条荚蒾开花末期	17	5.11	5.4	5.20	4.6
	海仙花开花始期	15	5.11	5.4	5.27	6.7
	紫藤开花末期	22	5.12	5.2	5.27	6.8
	刺槐开花末期	17	5.12	5.5	5.18	3.8
	大山樱果实成熟期	7	5.13	5.8	5.22	4.9
	玫瑰开花始期	9	5.14	5.3	5.21	5.8
	金银忍冬开花末期	13	5.14	5.4	6.3	8.0
	柿树开花始期	8	5.14	5.8	5.22	4.1
	桂香柳开花始期	13	5.15	5.9	5.20	3.5
	七叶树开花始期	5	5.15	5.9	5.20	5.3
	太平花开花始期	38	5.16	5.6	5.28	5.5
	华山松开花盛期	7	5.16	5.9	5.22	4.1
	华山松开花末期	5	5.17	5.13	5.27	5.5
	海仙花开花盛期	13	5.19	5.9	5.27	5.0
	桂香柳开花盛期	6	5.19	5.9	5.27	7.1
	七叶树开花盛期	14	5.19	5.10	6.1	6.2
	平枝栒子开花末期	18	5.19	5.10	6.4	6.2
	北京丁香开花始期	20	5.20	5.12	6.1	4.8
	大山樱果实脱落开始期	7	5.20	5.13	5.25	4.4
	猬实开花末期	17	5.20	5.13	6.3	5.2

月　份	物候现象	统计年数/年	多年平均发生日期（月.日）	最早发生日期（月.日）	最晚发生日期（月.日）	标准差/天
	白杜开花始期	11	5.20	5.16	5.28	4.5
	四照花开花末期	17	5.21	5.6	6.12	9.8
	合欢花序或花蕾出现期	14	5.21	5.8	6.3	8.5
	毛梾开花末期	8	5.21	5.13	5.29	5.5
	玫瑰开花盛期	9	5.21	5.16	5.30	4.8
	臭椿开花始期	15	5.22	5.13	5.31	5.5
	太平花开花盛期	14	5.22	5.14	5.27	3.7
	油松展叶盛期	30	5.23	5.8	6.14	8.5
	桑果实成熟期	13	5.24	5.12	6.3	7.9
	柿树开花末期	11	5.24	5.13	6.1	6.2
	黄金树开花始期	9	5.24	5.18	6.3	6.2
	杂种鹅掌楸开花末期	7	5.24	5.18	6.4	6.4
	桑果实脱落开始期	5	5.25	5.12	6.14	14.3
	黄金树开花盛期	9	5.25	5.20	6.2	4.3
	臭椿开花盛期	8	5.25	5.22	6.2	4.2
	桂香柳开花末期	18	5.26	5.17	6.3	4.8
	白杜开花盛期	9	5.26	5.19	6.4	5.3
	酸枣开花始期	10	5.26	5.20	6.3	4.7
	华山松展叶盛期	15	5.27	5.16	6.16	8.3
	枣开花始期	19	5.27	5.19	6.3	4.4
	丰花月季开花盛期	6	5.28	5.9	7.2	18.3
	北京丁香开花盛期	11	5.28	5.23	6.4	3.8
	木槿花序或花蕾出现期	15	5.29	5.3	6.28	15.9
	玫瑰开花末期	7	5.29	5.25	6.5	3.6
	大山樱果实脱落末期	5	5.29	5.27	5.31	1.5
	火炬树开花始期	6	5.30	5.20	6.16	9.0
	臭椿开花末期	10	5.31	5.24	6.10	5.3

月　份	物候现象	统计年数/年	多年平均发生日期（月.日）	最早发生日期（月.日）	最晚发生日期（月.日）	标准差/天
6月	梧桐花序或花蕾出现期	8	6.2	5.17	6.13	8.3
	栗开花始期	11	6.2	5.23	6.20	8.0
	黄金树开花末期	13	6.2	5.24	6.11	4.6
	珍珠梅开花始期	20	6.2	5.26	6.11	4.9
	栾树开花始期	24	6.3	5.9	6.16	8.1
	荆条开花始期	15	6.3	5.23	6.14	6.9
	酸枣开花盛期	12	6.4	5.27	6.16	7.4
	七叶树开花末期	7	6.4	5.29	6.11	4.3
	白皮松展叶盛期	20	6.5	5.23	6.20	8.8
	白杜开花末期	12	6.5	5.28	6.12	4.8
	栗开花盛期	15	6.5	5.28	6.12	4.8
	枣开花盛期	15	6.6	5.26	6.17	6.8
	太平花开花末期	24	6.7	5.27	6.28	6.9
	火炬树开花末期	5	6.7	6.2	6.13	4.7
	北京丁香开花末期	14	6.7	6.2	6.14	4.0
	珍珠梅开花盛期	13	6.8	6.2	6.14	4.3
	蒙椴开花始期	14	6.8	6.2	6.16	4.9
	合欢开花始期	24	6.11	6.2	6.23	5.5

仲　夏（30种）

月　份	物候现象	统计年数/年	多年平均发生日期（月.日）	最早发生日期（月.日）	最晚发生日期（月.日）	标准差/天
6月	栾树开花盛期	17	6.13	6.1	6.26	6.9
	蒙椴开花盛期	10	6.15	6.9	6.26	4.8
	美国凌霄开花始期	18	6.16	5.31	6.30	7.5
	孩儿拳头开花始期	9	6.17	6.9	6.29	6.8
	黄刺玫果实成熟期	11	6.19	6.2	7.11	13.3
	梧桐开花始期	13	6.20	5.28	6.30	9.0
	荆条开花盛期	10	6.20	6.1	7.7	12.9

续表

月　份	物候现象	统计年数/年	多年平均发生日期（月.日）	最早发生日期（月.日）	最晚发生日期（月.日）	标准差/天
	合欢开花盛期	7	6.20	6.11	7.3	7.8
	栗开花末期	16	6.21	6.11	7.1	5.5
	杏果实成熟期	7	6.22	6.17	7.4	6.3
	蒙椴开花末期	15	6.23	6.7	7.6	7.0
	栾树开花末期	13	6.24	6.14	7.3	5.3
	木槿开花始期	18	6.28	6.9	7.25	12.5
	枣开花末期	13	6.29	6.11	7.16	11.2
	酸枣开花末期	16	7.1	6.11	7.16	10.0
	紫薇开花始期	23	7.1	6.20	7.13	7.0
	美国凌霄开花盛期	14	7.3	6.14	7.24	11.4
	蜡梅果实成熟期	9	7.3	6.20	8.8	16.9
	大叶黄杨开花盛期	5	7.4	6.22	7.18	9.7
7月	梧桐开花末期	7	7.8	7.4	7.15	4.4
	槐开花始期	11	7.13	7.2	7.24	7.5
	龙爪槐开花始期	12	7.15	7.5	7.27	7.5
	紫薇开花盛期	19	7.21	7.2	8.8	10.8
	木槿开花盛期	6	7.22	6.20	8.9	17.9
	槐开花盛期	4	7.22	7.9	7.31	9.7
	荆条开花末期	15	8.8	7.11	9.2	18.0
	合欢开花末期	8	8.8	7.18	9.5	15.7
8月	臭椿果实成熟期	15	8.10	7.19	9.14	16.1
	紫丁香果实成熟期	5	8.11	7.13	8.31	17.9
	锦带花开花末期	6	8.15	7.22	9.4	14.4
晚　夏（21种）						
8月	龙爪槐开花末期	11	8.18	7.28	9.14	15.7
	栾树果实成熟期	19	8.22	7.20	9.22	17.9

续表

月　份	物候现象	统计年数/年	多年平均发生日期（月.日）	最早发生日期（月.日）	最晚发生日期（月.日）	标准差/天
	刺槐果实成熟期	13	8.24	8.7	9.6	9.8
	黄金树叶开始变色期	18	8.25	8.1	9.12	12.4
	四照花果实成熟期	12	8.25	8.1	9.15	14.3
	杭子梢开花始期	6	8.25	8.8	9.3	9.2
	槐开花末期	10	8.25	8.8	9.9	10.0
	枣果实成熟期	13	8.26	7.11	9.20	17.3
	蒙椴果实成熟期	18	8.28	7.31	9.20	14.6
	美国凌霄开花末期	18	8.29	7.2	9.25	18.6
	花椒树果实成熟期	5	8.31	7.31	9.16	18.9
9月	海仙花第二次开花期	7	9.1	8.14	9.15	13.7
	栾树果实脱落开始期	7	9.2	8.8	9.15	14.8
	枫杨果实脱落开始期	12	9.4	8.12	10.10	17.1
	紫薇开花末期	30	9.7	7.11	10.11	18.0
	梧桐果实成熟期	6	9.7	8.12	9.20	14.2
	杭子梢开花盛期	6	9.7	9.4	9.13	3.4
	黄金树开始落叶期	20	9.8	8.1	10.3	16.8
	鸡树条荚蒾果实成熟期	8	9.8	8.20	9.29	12.0
	北京丁香果实成熟期	21	9.10	8.12	10.6	17.3
	荆条果实成熟期	5	9.10	8.21	9.23	13.4
初　秋（48种）						
9月	七叶树果实成熟期	5	9.11	8.15	9.29	18.8
	木槿开花末期	21	9.12	8.12	9.25	11.8
	白蜡树叶开始变色期	23	9.12	8.25	10.6	11.7
	侧柏叶开始变色期	18	9.12	8.27	10.10	13.8
	蒙椴叶开始变色期	21	9.12	8.28	10.2	9.0
	玉兰果实成熟期	23	9.14	8.14	10.7	17.3

续表

月 份	物候现象	统计年数/年	多年平均发生日期（月.日）	最早发生日期（月.日）	最晚发生日期（月.日）	标准差/天
	白蜡树果实成熟期	12	9.15	8.14	10.3	17.6
	鸡麻果实成熟期	12	9.15	8.16	10.5	15.5
	合欢果实成熟期	22	9.15	8.17	10.17	15.8
	酸枣果实成熟期	17	9.15	8.21	10.5	12.8
	孩儿拳头果实成熟期	9	9.15	9.2	10.5	10.6
	侧柏果实成熟期	8	9.16	8.28	10.10	16.6
	蒙椴开始落叶期	24	9.16	8.29	10.10	9.5
	白桦叶开始变色期	25	9.16	9.2	10.17	10.4
	大山樱叶开始变色期	15	9.17	8.19	10.2	12.2
	侧柏开始落叶期	16	9.17	8.27	10.31	17.3
	火炬树叶开始变色期	16	9.17	9.3	10.2	8.6
	平枝栒子果实成熟期	20	9.18	8.8	10.17	18.0
	枫杨叶开始变色期	23	9.18	8.15	10.17	18.7
	棣棠开花末期	8	9.18	9.11	9.24	4.6
	山楂果实成熟期	18	9.19	9.5	10.2	7.3
	海仙花开花末期	17	9.20	8.14	10.12	16.8
	枫杨开始落叶期	16	9.20	8.22	10.18	18.3
	臭椿叶开始变色期	15	9.20	8.25	10.13	14.0
	贴梗海棠叶开始变色期	9	9.20	8.29	10.17	17.1
	元宝槭果实成熟期	6	9.20	9.4	10.6	14.3
	侧柏果实脱落开始期	23	9.21	9.3	10.15	10.8
	紫藤叶开始变色期	30	9.21	9.5	10.7	9.5
	银杏果实成熟期	15	9.21	9.9	10.5	8.2
	栗果实脱落开始期	16	9.21	9.11	9.29	5.0
	玫瑰叶开始变色期	9	9.21	9.11	10.6	7.4
	杭子梢开花末期	5	9.21	9.19	9.25	2.5

续表

月 份	物候现象	统计年数/年	多年平均发生日期（月.日）	最早发生日期（月.日）	最晚发生日期（月.日）	标准差/天
	山茱萸果实成熟期	8	9.22	8.20	10.12	17.2
	珍珠梅开花末期	28	9.22	8.26	10.11	12.9
	榆叶梅叶开始变色期	20	9.22	8.29	10.9	10.7
	白杜果实成熟期	14	9.22	9.3	10.19	15.1
	白蜡树开始落叶期	16	9.23	9.4	10.17	10.5
	白桦开始落叶期	18	9.23	9.7	10.15	10.3
	一球悬铃木叶开始变色期	31	9.23	9.10	10.17	9.7
	胡桃叶开始变色期	18	9.24	8.19	10.17	15.6
	平枝枸子叶开始变色期	27	9.24	8.26	10.21	14.8
	贴梗海棠开始落叶期	5	9.24	8.29	10.7	15.4
	白皮松果实脱落开始期	6	9.24	9.15	10.7	7.3
	玉兰叶开始变色期	34	9.25	8.22	10.24	13.6
	杂种鹅掌楸叶开始变色期	18	9.25	8.26	10.19	14.4
	毛梾叶开始变色期	26	9.25	9.3	10.24	12.9
	构树叶开始变色期	10	9.25	9.5	10.7	10.0
	臭椿开始落叶期	17	9.25	9.8	10.17	9.4
	仲 秋（265 种）					
	黄刺玫叶开始变色期	14	9.26	8.22	10.17	16.4
	栾树叶开始变色期	33	9.26	8.28	10.17	12.6
	加拿大杨叶开始变色期	24	9.26	8.28	10.17	13.7
	北京丁香果实脱落开始期	13	9.26	9.4	11.1	16.2
9 月	银杏叶开始变色期	30	9.26	9.7	10.17	10.0
	西洋接骨木叶开始变色期	7	9.26	9.10	10.17	11.4
	柿树叶开始变色期	22	9.26	9.12	10.11	8.3
	刺槐叶开始变色期	29	9.27	8.22	10.17	13.5
	金银忍冬果实成熟期	31	9.27	8.28	10.30	14.0

续表

月　份	物候现象	统计年数/年	多年平均发生日期（月.日）	最早发生日期（月.日）	最晚发生日期（月.日）	标准差/天
	木槿叶开始变色期	25	9.27	9.7	10.17	9.5
	柿树果实成熟期	29	9.28	8.28	10.25	10.8
	枣叶开始变色期	19	9.28	9.3	10.17	11.3
	皂荚果实成熟期	12	9.28	9.4	10.19	14.7
	白杜叶开始变色期	19	9.28	9.10	10.17	10.5
	楸树叶开始变色期	30	9.28	9.11	10.19	8.7
	加拿大杨开始落叶期	22	9.29	8.28	10.19	14.7
	西府海棠果实成熟期	15	9.29	8.31	10.18	16.0
	银杏果实脱落开始期	6	9.29	9.13	10.10	11.1
	紫薇叶开始变色期	31	9.29	9.15	10.17	7.9
	火炬树开始落叶期	11	9.29	9.16	10.22	10.4
	辽梅山杏叶开始变色期	12	9.29	9.23	10.7	5.4
	水杉叶开始变色期	32	9.30	8.27	10.25	15.6
	郁李叶开始变色期	13	9.30	9.7	10.13	9.7
	枣开始落叶期	13	9.30	9.7	10.18	14.1
	棣棠叶开始变色期	21	9.30	9.13	10.30	13.0
	毛泡桐叶开始变色期	11	9.30	9.15	10.16	9.7
	桑叶开始变色期	18	9.30	9.16	10.30	10.6
10月	黄金树叶全部变色期	26	10.1	9.3	10.19	11.7
	迎春花叶开始变色期	33	10.1	9.5	10.17	10.3
	杜仲叶开始变色期	28	10.1	9.5	10.30	15.2
	荆条叶开始变色期	11	10.1	9.10	10.17	10.6
	一球悬铃木开始落叶期	24	10.1	9.12	10.14	8.3
	连翘果实成熟期	5	10.1	9.15	10.15	13.3
	鼠李果实成熟期	15	10.1	9.16	10.13	7.5
	紫丁香叶开始变色期	29	10.1	9.18	10.17	6.3

续表

月　份	物候现象	统计年数/年	多年平均发生日期（月.日）	最早发生日期（月.日）	最晚发生日期（月.日）	标准差/天
	大山樱开始落叶期	14	10.1	9.21	10.16	8.1
	山茱萸叶开始变色期	7	10.1	9.22	10.7	6.4
	孩儿拳头叶开始变色期	5	10.1	9.27	10.6	3.9
	四照花叶开始变色期	17	10.2	8.27	10.19	15.7
	二色桃叶开始变色期	35	10.2	9.3	11.1	13.1
	榆叶梅开始落叶期	27	10.2	9.7	10.17	10.6
	毛梾开始落叶期	20	10.2	9.7	11.1	14.5
	杂种鹅掌楸开始落叶期	13	10.2	9.18	10.9	7.1
	五叶地锦叶开始变色期	5	10.2	9.23	10.7	5.4
	栗果实脱落末期	10	10.2	9.28	10.7	3.6
	木槿开始落叶期	23	10.3	8.27	10.25	14.0
	柿树开始落叶期	13	10.3	9.11	10.19	10.7
	太平花叶开始变色期	34	10.3	9.12	10.23	8.9
	金银忍冬叶开始变色期	17	10.3	9.15	10.28	13.0
	连翘叶开始变色期	30	10.3	9.16	10.23	8.7
	大叶朴果实成熟期	7	10.3	9.20	10.14	9.8
	辽梅山杏开始落叶期	15	10.3	9.23	10.19	8.2
	刺槐开始落叶期	21	10.4	8.29	10.17	10.7
	玉兰开始落叶期	23	10.4	8.29	11.2	16.1
	锦鸡儿叶开始变色期	20	10.4	9.7	10.23	12.2
	白杜开始落叶期	18	10.4	9.8	10.26	12.3
	楸树开始落叶期	27	10.4	9.9	10.19	9.7
	小叶杨叶开始变色期	20	10.4	9.10	10.25	14.8
	大叶朴叶开始变色期	10	10.4	9.12	10.24	15.5
	油松叶开始变色期	19	10.4	9.14	10.22	9.6
	杉松叶开始变色期	11	10.4	9.15	10.16	7.7

月 份	物候现象	统计年数/年	多年平均发生日期（月.日）	最早发生日期（月.日）	最晚发生日期（月.日）	标准差/天
	华北落叶松叶开始变色期	16	10.4	9.16	10.16	7.7
	鸡树条荚蒾叶开始变色期	20	10.4	9.18	11.7	13.8
	毛白杨叶开始变色期	30	10.5	8.28	11.7	18.2
	花叶丁香叶开始变色期	20	10.5	9.10	10.25	12.1
	胡桃开始落叶期	18	10.5	9.11	10.26	11.6
	合欢叶开始变色期	11	10.5	9.12	11.3	14.8
	东京樱花叶开始变色期	14	10.5	9.13	10.24	11.4
	梧桐叶开始变色期	16	10.5	9.16	10.18	7.7
	栗叶开始变色期	15	10.5	9.18	10.14	5.9
	北京丁香叶开始变色期	27	10.5	9.18	10.19	8.0
	文冠果叶开始变色期	14	10.5	9.20	10.17	6.9
	栾树开始落叶期	20	10.5	9.21	10.21	8.5
	盐肤木叶开始变色期	8	10.5	9.22	10.25	10.9
	蜡梅叶开始变色期	32	10.6	8.22	11.5	18.0
	小叶杨开始落叶期	15	10.6	9.3	11.5	18.5
	山楂叶开始变色期	12	10.6	9.12	10.21	12.5
	构树开始落叶期	9	10.6	9.19	10.25	9.7
	华山松叶开始变色期	18	10.6	9.20	10.19	9.8
	桂香柳叶开始变色期	10	10.6	9.22	10.17	10.3
	紫藤开始落叶期	23	10.6	9.22	10.30	8.9
	二色桃开始落叶期	25	10.7	9.10	11.1	14.7
	白丁香叶开始变色期	11	10.7	9.20	10.23	9.8
	银白杨叶开始变色期	15	10.7	9.22	10.18	7.5
	紫荆叶开始变色期	12	10.7	9.23	10.25	8.4
	酸枣叶开始变色期	10	10.7	9.27	10.19	8.7
	鼠李叶开始变色期	19	10.8	8.29	10.28	17.3

续表

月 份	物候现象	统计年数/年	多年平均发生日期(月.日)	最早发生日期(月.日)	最晚发生日期(月.日)	标准差/天
	锦鸡儿开始落叶期	9	10.8	9.12	10.23	12.9
	七叶树叶开始变色期	14	10.8	9.20	10.31	12.9
	杭子梢叶开始变色期	8	10.8	9.25	10.30	11.0
	桑开始落叶期	9	10.8	10.1	10.19	6.6
	孩儿拳头开始落叶期	5	10.8	10.4	10.13	4.2
	杭子梢果实成熟期	6	10.8	10.4	10.16	4.3
	元宝槭叶开始变色期	16	10.9	9.30	10.18	5.9
	蜡梅开始落叶期	29	10.10	8.26	11.15	18.6
	珍珠梅叶开始变色期	23	10.10	9.12	10.25	11.0
	油松开始落叶期	19	10.10	9.19	10.22	8.4
	白蜡树叶全部变色期	21	10.10	9.23	10.25	7.5
	连翘开始落叶期	14	10.10	9.23	10.30	11.5
	美国凌霄叶开始变色期	18	10.10	9.25	10.25	6.7
	蒙椴叶全部变色期	11	10.10	9.27	10.25	8.7
	紫薇开始落叶期	14	10.10	9.29	10.26	7.5
	毛白杨开始落叶期	25	10.11	9.8	11.9	18.5
	连翘第二次开花期	20	10.11	9.16	11.15	17.2
	山桃叶开始变色期	27	10.11	9.18	10.30	9.5
	鼠李开始落叶期	11	10.11	9.20	10.28	11.8
	紫丁香开始落叶期	11	10.11	9.23	10.25	8.6
	杜仲开始落叶期	17	10.11	9.23	10.28	11.0
	白杜果实脱落开始期	7	10.11	9.23	11.1	12.4
	木瓜叶开始变色期	20	10.11	9.24	10.26	9.3
	北京丁香开始落叶期	19	10.11	9.27	10.24	7.4
	华北落叶松开始落叶期	13	10.11	10.3	10.21	4.9
	钻天杨叶开始变色期	11	10.11	10.4	10.26	6.8

月　份	物候现象	统计年数/年	多年平均发生日期（月.日）	最早发生日期（月.日）	最晚发生日期（月.日）	标准差/天
	金银忍冬开始落叶期	20	10.12	9.18	11.2	12.4
	太平花开始落叶期	18	10.12	9.23	10.30	10.2
	黑枣落叶末期	7	10.12	9.27	11.1	13.5
	黄栌叶开始变色期	7	10.12	9.28	10.23	9.0
	白桦叶全部变色期	28	10.12	9.29	11.21	10.2
	杉松开始落叶期	13	10.12	10.4	10.21	5.1
	火炬树叶全部变色期	14	10.13	9.19	10.26	10.4
	毛泡桐开始落叶期	13	10.13	9.20	11.7	11.8
	三叶木通叶开始变色期	13	10.13	9.25	11.10	13.4
	杏叶开始变色期	27	10.14	8.29	11.1	16.6
	银杏开始落叶期	21	10.14	9.11	11.7	14.5
	鸡麻叶开始变色期	9	10.14	9.30	11.1	10.1
	栗开始落叶期	8	10.14	10.4	10.21	6.0
	酸枣开始落叶期	5	10.14	10.4	10.28	9.6
	榆树叶开始变色期	10	10.15	9.25	11.1	9.3
	文冠果开始落叶期	11	10.15	10.4	10.25	6.7
	银白杨开始落叶期	12	10.15	10.7	10.22	5.1
	山楂开始落叶期	12	10.15	10.7	10.22	5.6
	梧桐开始落叶期	8	10.15	10.7	10.23	5.2
	槐叶开始变色期	25	10.16	9.14	11.9	11.2
	郁李开始落叶期	8	10.16	9.23	11.11	15.8
	木瓜开始落叶期	8	10.16	9.27	11.1	14.1
	东京樱花开始落叶期	12	10.16	9.29	11.9	10.8
	旱柳叶开始变色期	25	10.16	9.30	10.25	6.1
	紫叶小檗开始落叶期	6	10.16	10.3	10.30	10.0
	白桦落叶末期	26	10.16	10.4	10.26	5.8

续表

月 份	物候现象	统计年数/年	多年平均发生日期（月.日）	最早发生日期（月.日）	最晚发生日期（月.日）	标准差/天
	白蜡树落叶末期	26	10.16	10.7	10.25	5.2
	猬实叶开始变色期	5	10.16	10.7	10.29	8.5
	枣叶全部变色期	5	10.16	10.9	10.24	6.9
	五叶地锦叶全部变色期	9	10.16	10.11	10.23	4.1
	龙爪槐叶开始变色期	16	10.17	9.12	11.10	15.6
	山桃开始落叶期	18	10.17	9.23	10.30	9.9
	紫叶李叶全部变色期	5	10.17	9.25	11.11	19.5
	牡丹叶开始变色期	9	10.17	10.3	10.30	7.6
	黄刺玫开始落叶期	6	10.17	10.4	11.1	10.8
	白丁香开始落叶期	7	10.17	10.4	11.7	10.8
	蒙椴落叶末期	30	10.17	10.7	11.1	5.8
	元宝槭开始落叶期	11	10.17	10.13	11.1	6.0
	平枝栒子果实脱落开始期	6	10.18	9.28	11.11	17.0
	华山松开始落叶期	16	10.18	10.1	11.5	8.4
	黄金树落叶末期	24	10.18	10.5	10.31	6.6
	盐肤木开始落叶期	7	10.18	10.10	10.29	6.5
	旱柳开始落叶期	18	10.19	9.20	10.30	10.8
	平枝栒子开始落叶期	12	10.19	9.23	11.18	18.2
	皂荚叶开始变色期	13	10.19	9.27	11.8	13.0
	桂香柳开始落叶期	17	10.19	9.28	11.15	11.4
	紫荆开始落叶期	8	10.19	10.6	11.1	8.4
	合欢开始落叶期	6	10.19	10.13	10.24	4.2
	大山樱叶全部变色期	16	10.19	10.13	10.26	3.8
	钻天杨开始落叶期	5	10.19	10.16	10.24	3.0
	绦柳叶开始变色期	26	10.20	9.11	11.16	16.0
	七叶树开始落叶期	13	10.20	9.27	11.5	10.4

续表

月　份	物候现象	统计年数/年	多年平均发生日期（月.日）	最早发生日期（月.日）	最晚发生日期（月.日）	标准差/天
	臭椿落叶末期	33	10.20	9.29	11.5	8.3
	榆树开始落叶期	8	10.20	10.5	11.7	10.1
	雪松开花始期	7	10.20	10.13	10.28	6.1
	棣棠开始落叶期	11	10.21	10.3	11.5	10.5
	紫薇叶全部变色期	32	10.21	10.4	11.3	6.5
	柿树叶全部变色期	9	10.21	10.12	10.26	4.9
	紫叶小檗叶全部变色期	13	10.22	9.15	11.14	15.9
	火炬树落叶末期	19	10.22	10.2	11.10	11.1
	迎春花开始落叶期	13	10.22	10.9	11.18	11.5
	珍珠梅开始落叶期	9	10.22	10.13	11.1	5.7
	鼠李果实脱落末期	6	10.22	10.13	11.1	7.5
	杏开始落叶期	17	10.23	9.12	11.7	13.2
	槐开始落叶期	16	10.23	9.29	11.16	12.7
	栗叶全部变色期	27	10.23	10.10	10.31	5.0
	银杏叶全部变色期	41	10.23	10.11	11.8	6.7
	榆叶梅叶全部变色期	20	10.23	10.13	11.5	6.3
	楸树叶全部变色期	6	10.23	10.14	11.1	7.2
	楸树落叶末期	24	10.24	10.9	11.7	5.7
	雪松开花盛期	9	10.24	10.17	11.5	6.1
	糠椴落叶末期	6	10.24	10.18	11.10	8.5
	海仙花叶开始变色期	13	10.25	9.29	11.10	12.6
	贴梗海棠落叶末期	31	10.25	9.29	11.20	12.5
	大山樱落叶末期	16	10.25	10.14	11.11	8.1
	玫瑰叶全部变色期	5	10.25	10.21	11.1	4.6
	柿树落叶末期	27	10.26	10.4	11.6	6.8
	西府海棠叶开始变色期	17	10.26	10.4	11.7	10.0

续表

月 份	物候现象	统计年数/年	多年平均发生日期（月.日）	最早发生日期（月.日）	最晚发生日期（月.日）	标准差/天
	龙爪柳叶开始变色期	14	10.26	10.14	11.3	6.1
	猬实开始落叶期	5	10.26	10.19	11.5	7.1
	美国凌霄开始落叶期	6	10.27	10.7	11.9	12.1
	栾树叶全部变色期	26	10.27	10.14	11.7	5.4
	枣落叶末期	19	10.27	10.14	11.7	6.3
	孩儿拳头叶全部变色期	5	10.27	10.14	11.7	10.5
	华北落叶松叶全部变色期	33	10.27	10.15	11.7	4.9
	紫玉兰叶全部变色期	6	10.27	10.17	11.3	6.0
	木槿叶全部变色期	5	10.27	10.18	11.3	6.3
	酸枣落叶末期	13	10.28	10.5	11.10	9.7
	郁李叶全部变色期	17	10.28	10.12	11.14	9.8
	西洋接骨木落叶末期	12	10.28	10.14	11.5	7.2
	紫丁香叶全部变色期	34	10.28	10.14	11.8	5.3
	山楂叶全部变色期	14	10.28	10.14	11.10	9.1
	山茱萸叶全部变色期	7	10.28	10.14	11.18	12.3
	元宝槭叶全部变色期	29	10.28	10.19	11.7	4.8
	太平花叶全部变色期	12	10.28	10.19	11.8	6.3
	桑叶全部变色期	12	10.28	10.21	11.5	5.9
	辽梅山杏叶全部变色期	8	10.28	10.23	11.3	4.0
	五叶地锦落叶末期	7	10.28	10.23	11.7	5.3
	水杉开始落叶期	9	10.29	10.1	11.11	11.8
	玫瑰落叶末期	10	10.29	10.7	11.9	9.7
	三叶木通开始落叶期	5	10.29	10.7	11.16	16.4
	紫叶李开始落叶期	6	10.29	10.11	11.16	13.4
	胡桃落叶末期	21	10.29	10.14	11.9	8.0
	黄栌叶全部变色期	21	10.29	10.16	11.9	7.2

续表

月　份	物候现象	统计年数/年	多年平均发生日期（月.日）	最早发生日期（月.日）	最晚发生日期（月.日）	标准差/天
	孩儿拳头落叶末期	6	10.29	10.18	11.7	8.6
	连翘叶全部变色期	9	10.29	10.25	11.8	4.4
	侧柏果实脱落末期	6	10.30	10.7	11.21	17.2
	文冠果落叶末期	22	10.30	10.14	11.18	8.3
	二色桃叶全部变色期	9	10.30	10.15	11.10	8.9
	花叶丁香开始落叶期	5	10.30	10.17	11.15	13.0
	小叶杨叶全部变色期	22	10.30	10.18	11.12	7.8
	银白杨叶全部变色期	11	10.30	10.24	11.5	3.4
	绦柳开始落叶期	8	10.31	9.28	11.9	13.8
	合欢落叶末期	29	10.31	9.29	11.10	8.2
	枫杨落叶末期	24	10.31	10.21	11.8	4.5
	紫穗槐落叶末期	12	10.31	10.21	11.10	5.5
	玉兰叶全部变色期	28	10.31	10.22	11.12	5.6
	栗落叶末期	19	10.31	10.24	11.11	4.9
	雪松开花末期	11	10.31	10.25	11.9	5.0
11月	皂荚开始落叶期	8	11.1	10.12	11.16	10.6
	一球悬铃木叶全部变色期	36	11.1	10.16	11.16	6.6
	东京樱花叶全部变色期	12	11.1	10.18	11.16	8.5
	荆条落叶末期	14	11.1	10.19	11.17	8.4
	辽梅山杏落叶末期	17	11.1	10.21	11.8	5.5
	金银忍冬叶全部变色期	5	11.1	10.21	11.10	8.4
	栾树落叶末期	29	11.1	10.21	11.12	5.7
	北京丁香叶全部变色期	13	11.1	10.22	11.10	5.9
	钻天杨叶全部变色期	10	11.1	10.24	11.14	5.8
	盐肤木叶全部变色期	7	11.1	10.25	11.7	5.2
	加拿大杨叶全部变色期	9	11.1	10.26	11.8	4.2

续表

月 份	物候现象	统计年数/年	多年平均发生日期（月.日）	最早发生日期（月.日）	最晚发生日期（月.日）	标准差/天
	龙爪槐开始落叶期	6	11.2	9.28	11.21	18.5
	花椒树落叶末期	7	11.2	10.15	11.11	9.1
	榆叶梅落叶末期	29	11.2	10.22	11.12	5.7
	龙爪柳开始落叶期	13	11.2	10.24	11.21	7.9
	黄刺玫叶全部变色期	5	11.2	10.26	11.10	5.8
	梧桐叶全部变色期	11	11.3	10.30	11.13	4.1
	白杜叶全部变色期	7	11.3	11.1	11.7	2.6
	木槿落叶末期	31	11.4	10.20	11.17	6.0
	杂种鹅掌楸叶全部变色期	14	11.4	10.21	11.18	7.8
	七叶树叶全部变色期	10	11.4	10.26	11.11	5.3
	山楂落叶末期	16	11.4	10.28	11.16	5.3
	西府海棠开始落叶期	6	11.4	10.30	11.9	3.6
	鸡树条荚蒾叶全部变色期	16	11.5	10.14	11.23	13.7
	四照花叶全部变色期	27	11.5	10.21	11.18	7.3
	加拿大杨落叶末期	29	11.5	10.22	11.18	6.1
	银白杨落叶末期	19	11.5	10.23	11.13	5.4
	桑落叶末期	15	11.5	10.23	11.14	6.1
	银杏落叶末期	29	11.5	10.23	11.18	6.2
	紫薇落叶末期	28	11.5	10.23	11.27	10.0
	白丁香叶全部变色期	8	11.5	10.26	11.13	6.0
	紫荆落叶末期	8	11.5	10.28	11.21	7.4
	紫藤叶全部变色期	15	11.5	10.29	11.10	4.0
晚 秋（64 种）						
	黄刺玫落叶末期	32	11.6	10.15	11.23	8.5
11 月	构树落叶末期	12	11.6	10.23	11.16	6.7
	紫丁香落叶末期	26	11.6	10.23	11.18	5.8

续表

月　份	物候现象	统计年数/年	多年平均发生日期（月.日）	最早发生日期（月.日）	最晚发生日期（月.日）	标准差/天
	北京丁香落叶末期	25	11.6	10.23	11.18	6.0
	太平花落叶末期	29	11.6	10.26	11.21	5.7
	大叶朴叶全部变色期	5	11.7	10.23	11.16	9.2
	毛泡桐落叶末期	16	11.7	10.23	11.21	7.6
	杭子梢落叶末期	6	11.7	10.23	11.22	10.6
	二色桃落叶末期	32	11.7	10.23	11.23	7.6
	小叶杨落叶末期	27	11.7	10.23	11.27	8.0
	花叶丁香落叶末期	6	11.8	10.4	11.20	18.0
	水杉叶全部变色期	30	11.8	10.21	11.21	6.0
	连翘落叶末期	32	11.8	10.23	11.21	6.7
	木瓜叶全部变色期	19	11.8	10.24	11.18	6.4
	毛梾落叶末期	14	11.8	10.26	11.18	6.3
	东京樱花落叶末期	12	11.8	10.28	11.24	8.3
	梧桐落叶末期	14	11.8	10.30	11.16	5.0
	珍珠梅叶全部变色期	14	11.8	10.31	11.14	4.7
	钻天杨落叶末期	12	11.8	11.1	11.15	4.2
	山桃叶全部变色期	5	11.8	11.5	11.11	2.4
	蜡梅叶全部变色期	13	11.9	9.23	11.29	15.4
	山桃落叶末期	29	11.9	10.23	11.21	6.4
	郁李落叶末期	15	11.9	10.25	11.18	6.2
	白杜落叶末期	24	11.9	10.30	11.21	5.3
	玉兰落叶末期	30	11.9	10.30	11.23	4.9
	旱柳叶全部变色期	15	11.9	11.3	11.23	5.5
	锦鸡儿落叶末期	22	11.10	10.24	11.22	6.7
	黄栌落叶末期	6	11.10	10.30	11.16	7.0
	元宝槭落叶末期	20	11.10	11.1	11.19	4.7

续表

月 份	物候现象	统计年数/年	多年平均发生日期(月.日)	最早发生日期(月.日)	最晚发生日期(月.日)	标准差/天
	平枝枸子叶全部变色期	22	11.10	11.1	11.27	6.0
	刺槐落叶末期	27	11.11	10.23	11.21	6.1
	紫藤落叶末期	20	11.11	10.30	11.23	5.4
	华山松落叶末期	5	11.11	10.31	11.20	8.5
	鼠李落叶末期	14	11.11	11.1	11.18	5.2
	盐肤木落叶末期	6	11.11	11.2	11.23	7.3
	杏叶全部变色期	8	11.11	11.5	11.16	3.7
	杂种鹅掌楸落叶末期	13	11.12	10.28	11.24	7.4
	华北落叶松落叶末期	29	11.12	10.31	11.23	6.0
	绦柳叶全部变色期	10	11.12	11.1	11.22	7.1
	鸡麻叶全部变色期	10	11.12	11.2	11.21	5.3
	美国凌霄落叶末期	8	11.12	11.5	11.22	5.7
	白丁香落叶末期	9	11.12	11.7	11.21	5.0
	槐叶全部变色期	5	11.12	11.8	11.17	3.4
	杜仲落叶末期	11	11.12	11.9	11.18	3.3
	猬实落叶末期	18	11.13	10.31	11.23	6.0
	七叶树落叶末期	12	11.13	11.6	11.23	5.0
	杏落叶末期	17	11.13	11.6	11.23	5.2
	皂荚落叶末期	12	11.14	10.17	12.3	15.6
	四照花落叶末期	13	11.14	10.25	11.29	8.5
	紫叶李落叶末期	16	11.15	9.24	11.23	14.2
	珍珠梅落叶末期	21	11.15	10.26	11.23	6.5
	山茱萸落叶末期	13	11.15	10.26	11.23	6.5
	榆树落叶末期	18	11.15	11.6	11.24	5.2
	龙爪槐落叶末期	17	11.16	10.23	12.1	9.3
	毛白杨落叶末期	26	11.16	10.30	11.27	6.2

续表

月 份	物候现象	统计年数/年	多年平均发生日期（月.日）	最早发生日期（月.日）	最晚发生日期（月.日）	标准差/天
	金银忍冬落叶末期	24	11.17	11.9	12.7	6.0
	木瓜落叶末期	16	11.18	11.4	11.27	5.3
	旱柳落叶末期	23	11.18	11.8	12.7	7.3
	紫叶小檗落叶末期	13	11.19	11.11	12.3	4.9
	大叶朴落叶末期	13	11.19	11.16	11.27	2.9
	一球悬铃木落叶末期	27	11.20	10.31	12.18	11.4
	鸡树条荚蒾落叶末期	15	11.20	11.9	11.29	4.9
	平枝栒子落叶末期	18	11.20	11.9	12.1	5.0
	西府海棠落叶末期	15	11.20	11.14	11.27	4.1
初 冬（9种）						
	迎春花落叶末期	25	11.21	10.22	12.7	11.2
	棣棠落叶末期	14	11.21	11.12	12.1	5.7
	槐落叶末期	17	11.21	11.12	12.9	6.7
	水杉落叶末期	22	11.23	11.11	12.7	6.6
11月	鸡麻落叶末期	11	11.24	11.16	12.5	6.3
	龙爪柳落叶末期	17	11.26	11.12	12.7	6.4
	蜡梅落叶末期	25	11.26	11.14	12.13	8.1
	绦柳落叶末期	18	11.27	11.16	12.7	5.3
	桂香柳落叶末期	14	11.30	11.16	12.18	8.8

附录 2 / 植物物候观测方法

第 1 节　植物物候观测的基本规则

1. 观测地点的选定

首先，观测地点应相对稳定，以保证可以进行常年的物候观测，如城市环境中的植物园、公园、校园、居住区绿地等，自然环境中的自然保护区、天然森林、灌丛和草原等。其次，观测地点应位于地形比较平坦和开阔的地方，避免受到建筑物、道路、水体、山谷等局地小气候条件的影响。

2. 观测对象的选定

植物物候观测的对象主要分为木本植物和草本植物两大类，应以当地乡土植物种类为主，并在植物分类方面的专业人员指导下，确定观测植物的学名和中文名。

木本植物通常需要确定观测的植株，所选的植株应是发育正常的中龄树和灌木，新栽的幼年树木一般不作为观测对象。对于雌雄异株的树木，须区分雌雄株。每种树木宜选择 3～5 株作为观测对象，以避免因个别植株非正常的物候变化造成观测结果的不具代表性。草本植物通常在一个地点选定若干株或选定一定面积内（如 1 平方米）的所有植株作为观测对象。

3. 观测频度和时间

春季和秋季因发生的物候现象丰富多样，宜每日或隔日进行观测；夏季可适当减少观测的次数，如每周观测一次；冬季几乎没有物候现象发生，则可停止观测。

植物物候观测一般宜在下午进行，因为上午未出现的现象往往在气象等条件具备后于下午出现。如春季的植物开花通常在当天最高气温出现后发生，秋季的植物叶变色和落叶也通常在下午达到当天的最大程度。

4. 观测与记录

春季宜观测植物南面的枝条，因其生长和发育通常较早；秋季则宜观测冠层表面或内藏的枝条，因为叶变色通常首先出现在这两个部位。

在对同一种植物若干株进行观测时，当某一天超过 1/2 的植株达到某一物候现象的形态特征时，便确定为该物候现象的发生日期。例如，在选定某种植物的 5 株观测对象中，当有 3 株开始开花时，便确定为该种植物的开花始期发生。

对观测结果的记录应随看随记，因为事后补记易出现错误。记录时应尽可能详细地描述某一物候现象的形态和色彩特征、发生程度（如开花的比例）或数量等。

第 2 节　木本植物物候观测标准

1. 芽开始膨大期

对于具有多层鳞片的芽，当芽鳞开始分离，侧面显露浅色的线形或角形的新痕时，即为芽开始膨大期，形态特征鲜明的如山桃、白花山碧桃、紫丁香、蒙椴等。对于单层鳞片的芽，当芽充水鼓胀，从越冬芽呈匍匐状紧贴枝条变为微微翘起偏离枝条，从而使芽与枝条之间出现一个角度时，即为芽开始膨大期，如旱柳、绦柳、龙爪柳等。没有鳞片的裸芽不记芽开始膨大期，如胡桃、枫杨等。

有些植物芽的结构比较特殊，其芽开始膨大期的形态也比较独特，举例如下：

- 侧柏和圆柏：褐黄色的雄球花表面出现浅黄色凸起的条纹。
- 华北落叶松：干瘪的越冬芽顶端裂开，现出棕黄色或浅绿色的线缝。
- 银杏：干瘪的越冬芽胀大鼓起，顶端裂开，现出浅绿色的线缝。
- 榆树：芽的鳞片开始分离，其边缘拉出白色的绒毛。
- 玉兰：褐色被绒毛的芽鳞片从侧面或顶部裂开，现出黄色被绒毛的雏形花蕾。
- 刺槐：小枝上叶痕突起，出现像人字形的裂口。
- 槐和龙爪槐：凹陷的黑褐色隐闭芽因膨胀而开始露出绿色的芽顶。
- 枣：越冬芽顶部出现新鲜的棕黄色绒毛。
- 栾树：越冬芽顶部露出黄色绒毛。
- 木槿：越冬芽凸起现出白绿色的毛刺。

2. 芽开放期

对于具有鳞片的芽，当鳞片从芽的顶端裂开，露出新鲜颜色的幼叶、花萼或花序的尖端时，就是芽开放期，如珍珠梅和黄刺玫的叶芽、山桃和杏的花芽、毛白杨和紫丁香的花序等。如果是隐闭芽，如槐，当明显现出绿色叶尖时，即为芽开放期。而没有鳞片的裸芽，如胡桃和枫杨，当花序伸长使其表面出现黄绿色线状纹理时，或当叶芽折叠着的雏叶之间间隙增大，现出黄绿色的线缝时，即为芽开放期。总的来看，芽开放期比芽开始膨大期更易于准确观测，有些植物的芽开始膨大期不易观测或与芽开放期不易分辨，如华北落叶松、银杏、玉兰、枣、栾树、木槿等，则只记录芽开放期即可。

3. 展叶始期

对于落叶阔叶树木来说，当观测的植株上有个别枝条出现第一批（数片或几小簇）完全平展的叶片时，即为展叶始期。如果叶片是复叶，则其中有个别小叶片平展就是展叶始期。对于针叶树木来说，如松科松属（如油松）、冷杉属（如杉松）、云杉属（如青杆）、落叶松属（如华北落叶松）、雪松属的树木，当幼针叶从叶鞘中伸出小叶尖或从芽中凸现出来时，即为其展叶始期；杉科的水杉属于落叶树木，其展叶始期的确定与落叶阔叶树木相似；柏科的侧柏和圆柏展叶始期以老叶顶端开始生长出嫩绿的新叶为准。

4. 展叶盛期

当观测的植株上有 1/2 的枝条出现完全平展的叶片时，即为展叶盛期。因为树木的下部枝条展叶一般早于上部枝条，所以自下而上观察到有 1/2 的枝条出现个别叶片平展即为展叶盛期。需要说明的是，展叶盛期不是指 1/2 的叶芽中有叶片完全平展，这是因为叶芽的总数难以估量。针叶树的展叶盛期是当出现新针叶长度达到老针叶长度 1/2 的时候，如油松、华北落叶松、雪松等；或有 1/2 的枝条出现完全平展的叶片，如水杉；或有 1/2 的老叶顶端出现新叶的时候，如杉松、青杆、侧柏、圆柏等。

5. 花序或花蕾出现期

具有单花的植物，以花芽开放后开始露出完整的花冠为花蕾出现期；具有花序的植物，以花芽开放后开始现出完整花序为花序出现期。

6. 开花始期

当观测的植株上有一朵或数朵花的花瓣完全开放，显露出雄蕊和雌蕊时，即为开花始期。风媒传粉植物如油松、华山松、白皮松、华北落叶松、雪松、杉松、云杉、青杆、水杉、侧柏、圆柏、银杏、加拿大杨、毛白杨、小叶杨、旱柳、绦柳、龙爪柳、一球悬铃木、胡桃、枫杨、白桦、榆树、白蜡树等的雄花序开始散出花粉时为开花始期，可以通过用手指轻弹或触摸它们的雄花序来判断是否开始散粉。一些高大的树木如加拿大杨、毛白杨、小叶杨不易观测到花粉的飞散，只要远观其柔荑花序开始松散下垂时，即可视为开花始期。相比之下，这些树木雌花的开花始期多不易准确观测。

7. 开花盛期

当观测的植株上有 1/2 的花蕾都展开花瓣，或 1/2 的雄花序散出花粉，或 1/2 的柔荑花序松散下垂时，即为开花盛期。由于一些对越冬期极端低温敏感的植物如蜡梅、榆树、迎春花、花叶丁香、毛泡桐、紫薇等的部分花芽会在越冬期间被冻伤或冻死，在计算花芽总数时，应将死芽排除在外。针叶树以散粉浓度最大之时为开花盛期。

8. 开花末期

当观测的植株上绝大部分花瓣凋谢脱落，只残留极少数完整的鲜花时，即为开花末期。风媒传粉植物的雄花序只残留很少的花粉或植株上只残留很少的柔荑花序时，为开花末期。

9. 第二次开花期

个别植物种会在春季首次开花之后，在夏天或秋季第二次开花，但开花的植株和开花的数量明显少于首次开花，最为常见的有连翘和海仙花，须单独记录。

10. 果实或种子成熟期

当观测的植株上第一批果实或种子变为成熟时的颜色时，即为果实或种子成熟期，通常以观测植物的果实成熟期为主。不同类型果实成熟时的颜色和形态并不相同，举例如下：

- 球果类：油松、杉松、青杄、华北落叶松等果实成熟时变成黄褐色；雪松果实成熟时变成红褐色；侧柏的成熟果实是变成黄绿色；圆柏的成熟果实是变成紫褐色，表面出现白粉，果肉变软；水杉的果实并不多见，其成熟时的颜色也是黄褐色。

- 蒴果类：杨属和柳属的果实成熟时外皮变成褐黄色，顶端开裂，露出白絮；紫丁香、连翘等的果实成熟时果皮变成棕褐色。

- 坚果类：如栗的果实成熟时外皮由绿色变成绿黄色。

- 核果、浆果、仁果类：核果类和浆果类果实成熟时变软并呈现成熟时的颜色，如杏的果实变成黄色、金银忍冬的果实变成红色；仁果类果实成熟时除变成特有的颜色外还具有特别的味道，如山楂果实变成红色且口味酸甜。

- 荚果类：如刺槐和紫藤果实变成褐色、皂荚的果实变成黑紫色等。

- 翅果类：如榆树的果实变成白黄色、白蜡树的果实变成黄褐色等。

- 菁葖果：如玉兰的果实变成粉红色。

11. 果实或种子脱落期

当观测的植株上第一批成熟的果实或外果皮开裂后成熟的种子开始自然脱落到地上时，即为果实或种子脱落开始期。球果类和蒴果类的树木大多是外果皮和种子分别脱落，种子脱落通常在先，外果皮脱落一般在后。例如，针叶树中的油松、华北落叶松、水杉、侧柏等的外果皮开裂掉落散种。落叶树中包括杨柳科的大部分树种如毛白杨、旱柳、绦柳、龙爪柳等的外果皮开裂飞絮散种，紫丁香、北京丁香、连翘、文冠果、白杜等的外果皮开裂掉落散种。圆柏的球果与众不同，它的果实整体脱落，且通常是在第二年的秋季。此外，种子先于外果皮脱落的还有玉兰，它的蓇葖果外果皮裂开并散落出橘黄色的种子。栗的坚果外果皮开裂后通常与种子同时脱落。核果类、浆果类、仁果类、荚果类和翅果类树木通常是果实整体脱落。

当观测的植株上仅残留很少的果实或种子尚未脱落时，即为果实或种子脱落末期。

12. 叶开始变色期

当观测的植株上在秋季出现第一批由绿色完全变为黄色、红色或褐色的叶片时，即为叶开始变色期。树木叶片变色是一个渐变的过程，通常首先出现在叶缘或沿叶脉的两侧，然后蔓延至整个叶片。有些落叶树木的叶变色并不十分鲜明，表现为褪色，即叶片变成绿色与黄色之间的一种混合色，如楸树、毛泡桐等，当第一批绿叶变成这种混合色时，就是其叶开始变色期。针叶树除了华北落叶松和水杉之外，一些常见的常绿树种也有明显的秋季叶变色期，如油松、华山松、侧柏等，当第一批较老的针叶变成锈红色或黄褐色时，就是其叶开始变色期。

13. 叶全部变色期

当观测的植株上所有的叶片都变成秋季的颜色时，即为叶全部变色期。因为大多数落叶阔叶树木的叶片变色后即开始脱落，所以在树木达到叶全部变色期时，除了个别树种如水杉、银杏、黄栌和元宝槭等保留的叶片数量较多外，其他树木存留的叶片数量已经明显减少。因此，叶全部变色期是指现存在树上的叶片全部变成秋季的颜色。此外，一些树木在多数年份并没有叶全部变色期，因为未达到叶全部变色时已经叶落冠疏，如毛白杨、臭椿、胡桃、毛泡桐、榆树等。常绿树种秋季叶变色一般最多可以达到全部针叶的30% ～ 40%，不会出现叶全部变色的景象。

14. 开始落叶期

当观测的植株在秋季出现第一批已变色或未变色的叶片自然脱落时，即为开始落叶期。已经变色的叶片脱落往往是无风自落，属于因叶片衰老使叶柄处形成离层而落叶；尚未变色的叶片脱落常常与大风降温和雨雪天气有关，属于因外界物理环境条件胁迫而落叶。常绿树种在针叶变色之后也会逐渐脱落，且落叶的过程一般较快，当第一批变色的针叶开始自然脱落时，就是其开始落叶期。

15. 落叶末期

当观测的植株在秋季叶片脱落殆尽，仅剩下很少的残存叶片之时，即为落叶末期。有些树木在叶全部变色后，即使遭受到大风和雨雪的侵袭，叶片仍然枯而不落，如一球悬铃木；还有一些树木叶片青枯而不落，如蜡梅，它们的枯叶直到第二年年初甚至春季才进入落叶末期。常绿树种没有落叶末期。

第3节　草本植物物候观测标准

1. 萌动期（返青期）

多年生草本植物有地面芽和地下芽（如根茎、块茎、鳞茎地下芽植物）两种生活型，当地面芽变绿时或地下芽出土时，即为芽的萌动期。

2. 展叶期

当观测的植株开始展开小叶时，为展叶始期；当有 1/2 植株的叶子展开时，为展叶盛期。

3. 花序或花蕾出现期

当观测的植株上花蕾（如蒲公英、马蔺、诸葛菜、紫花地丁、百合等）或花序（如车前、荷包牡丹等）开始出现时，为花序或花蕾出现期。

4. 开花期

当观测的植株上初次有个别花蕾的花瓣完全开放时，为开花始期；当有 1/2 的花蕾的花瓣完全开放时，为开花盛期；当花瓣即将完全凋谢脱落，植株上只残留极少数完整的鲜花时，为开花末期。

5. 果实或种子成熟期

当观测的植株上果实或种子开始变为成熟的颜色时，为开始成熟期；当有 1/2 果实或种子成熟时，为完全成熟期。

6. 果实或种子脱落期

当观测的植株上果实或种子成熟后开始自然脱落或散布时，为脱落开始期；当成熟的果实或种子几乎完全脱落或散布即将终结时，为脱落末期。

7. 黄枯期

当观测的植株上个别叶片开始黄枯时，为开始黄枯期；当黄枯的叶片数量达到 1/2 时，为普遍黄枯期；当所有叶片均黄枯时，为完全黄枯期。

参考文献：

[1] 宛敏渭，刘秀珍 . 中国物候观测方法 . 北京：科学出版社，1979.

[2] 国家气象局 . 农业气象观测规范（上册）. 北京：气象出版社，1993.

附录 3

观测植物物种简介 *

白丁香（bái dīng xiāng）

Syringa oblata 'Alba'

被子植物门 Angiospermae >> 木樨科 Oleaceae >> 丁香属 *Syringa*

落叶灌木或小乔木，高达 4 ～ 5 米。中国长江流域以北普遍栽培。花期 4—5 月，果期 6—10 月。

圆锥状花序，长 4 ～ 16 厘米，花冠白色，高脚杯状，极芳香。单叶对生，广卵形，长 2 ～ 14 厘米。果卵圆形或长椭圆形，长 1 ～ 1.5 厘米。

白杜（bái dù）

Euonymus maackii

被子植物门 Angiospermae >> 卫矛科 Celastraceae >> 卫矛属 *Euonymus*

落叶小乔木，高达 6 米。中国分布广泛，长江以南以栽培为主。花期 5—6 月，果期 9 月。

聚伞花序有 3 朵至多朵花，长 1 ～ 2 厘米，淡白绿或黄绿色。叶对生，卵状椭圆形，长 4 ～ 8 厘米。蒴果倒圆心形，径 0.9 ～ 1

---

* 物种按照植物中文名称的汉语拼音排序，共 114 种。植物名称根据不同时期国家植物园的植物名牌确定，个别植物名称经植物分类专业人员审核。一些树木已经死亡且未能补种，所以目前在国家植物园中已经无法找到。

厘米，成熟时果皮呈粉红色，内有橘红色假种皮。

白桦（bái huà）

Betula platyphylla

被子植物门 Angiospermae >> 桦木科 Betulaceae >> 桦木属 *Betula*

落叶乔木，高达 27 米。广泛分布于中国东北、华北、河南、陕西、宁夏、甘肃、青海、四川、云南、西藏东南部。花期 5—6 月，果期 8—10 月。

柔荑花序，花为单性花，雌雄同株，雄花序柔软下垂，雌花序为短穗或松果状。单叶互生，叶厚纸质，三角状卵形或三角状菱形，长 3～9 厘米，边缘有锯齿。果序单生，圆柱形或矩圆状圆柱形，通常下垂，长 2～5 厘米。

白蜡树（bái là shù）

Fraxinus chinensis

被子植物门 Angiospermae >> 木樨科 Oleaceae >> 梣属 *Fraxinus*

落叶乔木，高达 15 米。中国各地广泛分布。花期 4—5 月，果期 7—9 月。

圆锥花序，长 10～15 厘米，雌雄异株，雄花密集，雌花疏离。羽状复叶长 12～35 厘米；小叶 3～7 枚，卵形、长圆形或披针形，长 3～12 厘米，边缘有整齐锯齿。翅果匙形，长 3～4 厘米。

白皮松（bái pí sōng）

Pinus bungeana

裸子植物门 Gymnospermae >> 松科 Pinaceae >> 松属 *Pinus*

常绿乔木，高达 30 米。原产中国华北以及西北，是中国特有树种。花期 4—5 月，球果翌年 10—11 月成熟。

裸子植物，雌雄同株；雄球花黄色，卵圆形或椭圆形，雌球花绿色。针叶 3 针一束，粗硬，长 5 ~ 10 厘米。球果卵圆形，通常单生，长 5 ~ 7 厘米，幼时淡绿色，成熟时呈黄褐色。

北京丁香（běi jīng dīng xiāng）

Syringa reticulata subsp. *pekinensis*

被子植物门 Angiospermae >> 木樨科 Oleaceae >> 丁香属 *Syringa*

落叶大灌木或小乔木，高一般为 2 ~ 5 米，可达 10 米。分布于北京、内蒙古、河北、山西、河南、陕西、宁夏、甘肃、四川等地。花期 5—8 月，果期 8—10 月。

圆锥状花序，长 5 ~ 20 厘米，花冠白色。叶为椭圆状卵形，长 2.5 ~ 10 厘米。果长椭圆形至披针形，长 1.5 ~ 2.5 厘米。

侧柏（cè bǎi）

Platycladus orientalis

裸子植物门 Gymnospermae >> 柏科 Cupressaceae >> 侧柏属 *Platycladus*

常绿乔木，高达 20 余米。原产中国北部，现全国广泛栽培。花期 3—4 月，果期 8—10 月。

裸子植物，雌雄同株。雄球花黄色，卵圆形，雌球花蓝绿色，近球形。叶片呈鳞片状，交互对生，深绿色。球果当年成熟，卵状椭圆形，长 1.5 ~ 2 厘米，成熟时呈褐色。

臭椿（chòu chūn）

Ailanthus altissima

被子植物门 Angiospermae >> 苦木科 Simaroubaceae >> 臭椿属 *Ailanthus*

落叶乔木，高达 20 余米。广泛分布于中国东北南部、华北、西北至长江流域。花期 4—5 月，果期 8—10 月。

圆锥花序长达 30 厘米，花小，黄绿色，开花时具有刺激性味道。奇数羽状复叶，长 40 ～ 60 厘米；小叶 13 ～ 27 枚，卵状披针形，长 7 ～ 13 厘米。翅果长椭圆形，长 3 ～ 4.5 厘米。

刺槐（cì huái）

Robinia pseudoacacia

被子植物门 Angiospermae >> 豆科 Fabaceae >> 刺槐属 *Robinia*

落叶乔木，高 10 ～ 25 米。原产地美国，18 世纪末引入中国，现广泛栽培。花期 4—6 月，果期 8—9 月。

总状花序腋生，长 10 ～ 20 厘米，蝶形花冠，花冠白色。羽状复叶，长 10 ～ 25 厘米；小叶 2 ～ 12 对，常对生，椭圆形，长 2 ～ 5 厘米，叶柄基部有刺。荚果线状长圆形，褐色。

大山樱（dà shān yīng）

Prunus sargentii

被子植物门 Angiospermae >> 蔷薇科 Rosaceae >> 李属 *Prunus*

落叶乔木，高达 25 米。原产日本、俄罗斯，现广泛栽培。花期 4—5 月，果期 6—7 月。

伞形花序，有花 2 ～ 4 朵，花径 3 ～ 4 厘米，花瓣倒卵形，蔷薇色，先端微凹。叶片卵状椭圆形，长 7 ～ 12 厘米，边缘具重锯齿。核果近球形，径约 1 厘米，黑紫色。

大叶黄杨（dà yè huáng yáng）

Buxus megistophylla

被子植物门 Angiospermae >> 黄杨科 Buxaceae >> 黄杨属 *Buxus*

落叶灌木或小乔木，高达 4 米。产于贵州、广西、广东、湖南、江西等地。花期 3—4 月，果期 6—7 月。

短穗状花序腋生，长 5 ～ 9 毫米，花约 10 朵。叶革质，窄卵形或卵状椭圆形，长 4 ～ 9 厘米。蒴果近球形，径 6 ～ 7 毫米。

大叶朴（dà yè pǔ）

Celtis koraiensis

被子植物门 Angiospermae >> 大麻科 Cannabaceae >> 朴属 *Celtis*

落叶乔木，高达 15 米。分布于辽宁、河北、山东、安徽北部、山西南部、河南西部、陕西南部和甘肃东部。花期 4—5 月，果期 9—10 月。

花杂性（两性花和单性花同株），1 ～ 3 朵生于当年枝的叶腋。叶椭圆形或倒卵状椭圆形，长 7 ～ 12 厘米，边缘有粗锯齿。果近球形或球状椭圆形，直径约 1.2 厘米，成熟时呈深褐色。

棣棠（dì táng）

Kerria japonica

被子植物门 Angiospermae >> 蔷薇科 Rosaceae >> 棣棠属 *Kerria*

落叶灌木，高 1 ～ 3 米。原产中国、日本，现在中国华北及华南各地广泛种植。花期 4—6 月，果期 6—8 月。

花单生，单瓣或复瓣，花径 2.5 ～ 6 厘米，金黄色。叶互生，三角状卵形或卵圆形，长 2 ～ 8 厘米，边缘有重锯齿。瘦果倒卵形至半球形，褐色或黑褐色。

东京樱花（dōng jīng yīng huā）

Prunus × *yedoensis*

被子植物门 Angiospermae >> 蔷薇科 Rosaceae >> 李属 *Prunus*

落叶乔木，高 4～16 米。原产日本，中国各地城市庭园栽培。花期 4 月，果期 5 月。

伞形总状花序，总梗极短，有花 3～4 朵，先叶开放，花径 3～3.5 厘米，花瓣初开时粉红色，后转白色。叶片椭圆卵形或倒卵形，长 5～12 厘米，边缘有尖锐锯齿。核果近球形，直径 0.7～1 厘米，成熟时呈黑色。

杜仲（dù zhòng）

Eucommia ulmoides

被子植物门 Angiospermae >> 杜仲科 Eucommiaceae >> 杜仲属 *Eucommia*

落叶乔木，高达 20 米。分布于广西、湖南、四川、安徽、陕西、湖北、河南等地，现各地广泛栽种。花期 4 月，果期 10 月。

花单性，雌雄异株，无花被，先叶开放，或与新叶同出。单叶互生，椭圆形、卵形或长圆形，长 6～15 厘米，边缘有锯齿。翅果扁平，长椭圆形。

二色桃（èr sè táo）

Prunus persica 'Erse Tao'

被子植物门 Angiospermae >> 蔷薇科 Rosaceae >> 李属 *Prunus*

落叶乔木，高 3～8 米。原产中国西北、华北、华东、西南等地，现广泛栽培。花期 3—4 月，果期 7—9 月。

花单生，先叶开放或花叶同期；花重瓣，一枝上的花有粉、粉红二色，又叫双色桃花。单叶互生，披针形，先端渐尖，边缘有较密锯齿。核果卵圆形，成熟时向阳面具红晕。

丰花月季（fēng huā yuè jì）

Rosa hybrida

被子植物门 Angiospermae >> 蔷薇科 Rosaceae >> 蔷薇属 *Rosa*

落叶灌木，高 0.9～1.3 米。分布于中国华北南部、西北、华中、华南等地。花期 5—11 月，果期 9—11 月。

花单生或几朵集生，呈伞房状，花径 4～6 厘米，花瓣有深红、银粉、淡粉、黑红、橙黄等颜色。羽状复叶，小叶 5～7 枚，宽卵形或卵状长圆形，长 2～6 厘米，边缘有锯齿。果卵球形，径 1.0～1.2 厘米，成熟时呈红色。

枫杨（fēng yáng）

Pterocarya stenoptera

被子植物门 Angiospermae >> 胡桃科 Juglandaceae >> 枫杨属 *Pterocarya*

落叶乔木，高达 30 米。产于中国陕西、华东、华中、华南及西南东部。花期 4—5 月，果期 8—9 月。

柔荑花序，雄花序生长在前一年枝条上的叶腋痕处，雌花序则生于枝条顶端，长 10～15 厘米。羽状复叶，小叶呈长椭圆形，叶轴具窄翅。果序长 20～45 厘米。

构树（gòu shù）

Broussonetia papyrifera

被子植物门 Angiospermae >> 桑科 Moraceae >> 构属 *Broussonetia*

落叶乔木，高达 16 米。在中国南北各地广泛分布。花期 4—5 月，果期 6—7 月。

花单性，雌雄异株，雄花序粗，花被 4 裂，雌花序头状。叶宽卵形或长椭圆状卵形，边缘有粗锯齿，不裂至 5 裂多型。聚花果球形，径 1.5 ～ 3 厘米，成熟时呈橙红色，肉质。

桂香柳（guì xiāng liǔ）

Elaeagnus angustifolia

被子植物门 Angiospermae >> 胡颓子科 Elaeagnaceae >> 胡颓子属 *Elaeagnus*

落叶乔木，高达 10 米。产于辽宁、河北、山西、河南、陕西、甘肃、内蒙古、宁夏、新疆、青海，通常为栽培植物。花期 5—6 月，果期 9 月。

花小，银白色，1 ～ 3 朵花生于小枝叶腋，长 4 ～ 5 毫米。叶披针形，银白色，长 3 ～ 7 厘米。果实椭圆形，长约 1 厘米，成熟时呈红色。

孩儿拳头（hái ér quán tóu）

Grewia biloba

被子植物门 Angiospermae >> 锦葵科 Malvaceae >> 扁担杆属 *Grewia*

落叶灌木或小乔木，高达 4 米。产于中国华东、西南、华北及广东、湖北、陕西、辽宁等地。花期 5—7 月，果期 8—10 月。

聚伞花序腋生，花瓣短小，淡黄绿色。单叶互生，椭圆形，边缘有细锯齿。核果，成熟时呈橙红色，形似小孩拳头。

海仙花（hǎi xiān huā）

Weigela coraeensis

被子植物门 Angiospermae >> 忍冬科 Caprifoliaceae >> 锦带花属 *Weigela*

落叶灌木，高达 1 ～ 3 米。分布于黑龙江、吉林、辽宁、内蒙古、山西、陕西、河南、山东、江苏等地。花期 4—6 月，果期 8—10 月。

聚伞花序腋生或顶生，花冠漏斗状钟形，长 3 ～ 4 厘米，初淡红色或黄白色，后变深红色或紫红色。叶片阔椭圆形至倒卵形，长 6 ～ 12 厘米。果实为蒴果，圆柱形，长 1.5 ～ 2.5 厘米。

旱柳（hàn liǔ）

Salix matsudana

被子植物门 Angiospermae >> 杨柳科 Salicaceae >> 柳属 *Salix*

落叶乔木，高达 18 米。在中国北方广泛种植。花期 3—4 月，果期 4—5 月。

柔荑花序，雌雄异株，花与叶同时开放。雄花序圆柱形，长 1.5 ～ 2.5 厘米，雌花有两枚腺体。叶披针形，长 5 ～ 10 厘米，边缘有锯齿。果序长 2 ～ 2.5 厘米，种子具丝状毛，成熟后随风飘散。

杭子梢（háng zǐ shāo）

Campylotropis macrocarpa

被子植物门 Angiospermae >> 豆科 Fabaceae >> 笐子梢属 *Campylotropis*

落叶灌木，高约 2 米。分布于中国华北、华东及辽宁、江西、福建、陕西、甘肃等地。花果期 6—9 月。

总状花序腋生或顶生，长 4 ～ 10 厘米；花冠紫红色或近粉红色，长约 1 厘米。复叶互生，3 枚小叶，椭圆形至长圆形，长 3 ～ 6.5 厘米。荚果长圆形或椭圆形，长约 1.2 厘米。

合欢（hé huan）

Albizia julibrissin

被子植物门 Angiospermae >> 豆科 Fabaceae >> 合欢属 *Albizia*

落叶乔木，高达 16 米。原产于亚洲及非洲，在中国东北至华南及西南各地均有种植。花期 6—7 月，果期 8—10 月。

头状花序于枝顶排成圆锥花序，花粉红色，花丝长 2.5 厘米。二回羽状复叶互生，羽片 4 ～ 12 对；小叶 10 ～ 30 对，线形或长圆形，长 0.6 ～ 1.2 厘米。荚果带状，长 9 ～ 15 厘米。

黑枣（hēi zǎo）

Diospyros lotus

被子植物门 Angiospermae >> 柿科 Ebenaceae >> 柿属 *Diospyros*

落叶乔木，高达 15 米。分布于中国辽宁以南大部分湿润半湿润区。花期 4—5 月，果期 9—10 月。

雌雄异株，雄花腋生、单生或数花簇生，带红色或淡黄色；雌花单生，淡绿色或带红色。单叶互生，近膜质，椭圆形或长椭圆形，长 5 ～ 13 厘米。浆果近球形或椭圆形，直径 1 ～ 2 厘米，成熟时呈蓝黑色。

胡桃（hú táo）

Juglans regia

被子植物门 Angiospermae >> 胡桃科 Juglandaceae >> 胡桃属 *Juglans*

落叶乔木，高 20～25 米。原产中亚，现广泛分布于中国华北、西北、西南、华中、华南和华东。花期 4—5 月，果期 9—10 月。

柔荑花序，雌雄同株。雄性柔荑花序下垂，长 5～10 厘米，呈黄色；雌性花穗状花序，常具 1～4 朵雌花，柱头浅绿色。胡桃叶呈奇数羽状复叶，长 25～30 厘米，一般具有 5～9 枚小叶，且小叶全缘，呈椭圆状卵形或长椭圆形。果序短，俯垂，具 1～3 果实；果近球形，径 4～6 厘米。

花椒（huā jiāo）

Zanthoxylum bungeanum

被子植物门 Angiospermae >> 芸香科 Rutaceae >> 花椒属 *Zanthoxylum*

落叶小乔木或灌木，高 3～7 米。在中国广泛分布。花期 4—5 月，果期 8—9 月。

聚伞状圆锥花序顶生，黄绿色，长 2～5 厘米。奇数羽状复叶，小叶 5～13 枚，对生，卵形、椭圆形，长 2～7 厘米。果紫红色，果瓣径 4～5 毫米。

花叶丁香（huā yè dīng xiāng）

Syringa × *persica* 'Laciniata'

被子植物门 Angiospermae >> 木樨科 Oleaceae >> 丁香属 *Syringa*

落叶灌木，高达 3 米。主要分布于甘肃、青海、四川西部。花期 4—5 月，果期 7—8 月。

圆锥状花序顶生，长 3～10 厘米，花冠淡紫色，高脚杯状，长 0.6～1 厘米。叶片披针形或卵状披针形，长 1.5～6 厘米，全缘。蒴果略呈四棱状。

华北落叶松（huá běi luò yè sōng）

Larix gmelinii var. *principis-rupprechtii*

裸子植物门 Gymnospermae >> 松科 Pinaceae >> 落叶松属 *Larix*

落叶乔木，可高达 30 米。中国特产，为华北地区高山针叶林带中的主要森林树种。花期 4—5 月，球果 10 月成熟。

裸子植物，雌雄同株，雌、雄球花分别单生于短枝顶端，春季与叶同时开放。叶窄条形，长 2 ～ 3 厘米，在短枝上簇生，在长枝上螺旋状排列。球果长圆状卵形或卵圆形，长 2 ～ 4 厘米，成熟时呈黄褐色。

华山松（huà shān sōng）

Pinus armandii

裸子植物门 Gymnospermae >> 松科 Pinaceae >> 松属 *Pinus*

常绿乔木，高达 35 米。中国华北及西南皆有分布，现广泛栽培。花期 4—5 月，球果翌年 9—10 月成熟。

裸子植物，雌雄同株。雄球花黄色，卵状圆柱形，长约 1.4 厘米；雌球花绿色。针叶 5 针一束，粗硬，长 8 ～ 15 厘米。球果圆锥状长卵圆形，长 10 ～ 20 厘米，幼时绿色，成熟时呈黄褐色。

槐（huái）

Styphnolobium japonicum

被子植物门 Angiospermae >> 豆科 Fabaceae >> 槐属 *Styphnolobium*

落叶乔木，高达 25 米。原产中国华北，现广泛栽培。花期 7—8 月，果期 8—10 月。

圆锥花序顶生，长 15 ～ 30 厘米。蝶形花冠，花冠乳白或黄白色，花长 1.2 ～ 1.5 厘米。羽状复叶，长 15 ～ 25 厘米。小叶 7 ～ 15

枚，卵状长圆形，长 2.5～6 厘米。荚果，串珠状，长 2.5～5 厘米。

黄刺玫（huáng cì méi）

Rosa xanthina

被子植物门 Angiospermae >> 蔷薇科 Rosaceae >> 蔷薇属 *Rosa*

落叶灌木，高 2～3 米。原产中国东北、华北，现各地广泛栽培。花期 4—6 月，果期 7—8 月。

花单生叶腋，重瓣或半重瓣，黄色，花径 3～4 厘米。小叶 7～13 枚，连叶柄长 3～5 厘米，小叶宽卵形或近圆形，长 0.8～2 厘米，叶边缘有钝锯齿。果近球形或倒卵圆形，成熟时呈紫褐色或黑褐色，直径 0.8～1 厘米。

黄金树（huáng jīn shù）

Catalpa speciosa

被子植物门 Angiospermae >> 紫葳科 Bignoniaceae >> 梓属 *Catalpa*

落叶乔木，高达 10 米。原产美国中部至东部，现在中国多地栽培。花期 5—6 月，果期 8—9 月。

圆锥花序顶生，长约 15 厘米；花冠白色，喉部有 2 黄色条纹及紫色细斑点，长 4～5 厘米。单叶对生，宽卵形，长 15～30 厘米。蒴果长圆柱形，长 30～55 厘米，成熟时呈黑色。

黄栌（huáng lú）

Cotinus coggygria var. *cinereus*

被子植物门 Angiospermae >> 漆树科 Anacardiaceae >> 黄栌属 *Cotinus*

落叶小乔木或灌木，高 3～8 米。原产中国华北至华中地区。

花期 4—5 月，果期 6—8 月。

圆锥花序顶生，黄绿色小花，仅少数发育。不育花的花梗花后伸长，被羽状长柔毛。单叶互生，叶卵圆形，长 4 ~ 8 厘米，叶子全缘，秋季变红。核果肾形，长约 4.5 毫米。

火炬树（huǒ jù shù）

Rhus typhina

被子植物门 Angiospermae >> 漆树科 Anacardiaceae >> 盐麸木属 *Rhus*

落叶灌木或小乔木，高达 8 米。原产北美洲，现中国华北、西北常见栽培。花期 6—7 月，果期 9—10 月。

圆锥花序顶生，长 10 ~ 20 厘米，花白色。奇数羽状复叶互生，长椭圆状至披针形，长 5 ~ 12 厘米。核果扁球形，有红色刺毛，紧密聚生成火炬状，成熟后经久不落。

鸡麻（jī má）

Rhodotypos scandens

被子植物门 Angiospermae >> 蔷薇科 Rosaceae >> 鸡麻属 *Rhodotypos*

落叶灌木，高 2 ~ 3 米。分布于辽宁、陕西、甘肃、山东、河南、江苏、安徽、浙江、湖北等地。花期 4—5 月，果期 6—9 月。

花单生枝顶，花径 3 ~ 5 厘米，花瓣 4 瓣，白色，倒卵形。单叶对生，卵形，长 4 ~ 11 厘米，边缘有尖锐重锯齿。核果 1 ~ 4，斜椭圆形，成熟时呈黑色或褐色，长约 8 毫米。

鸡树条荚蒾（jī shù tiáo jiá mí）

Viburnum opulus subsp. *calvescens*

被子植物门 Angiospermae >> 荚蒾科 Viburnaceae >> 荚蒾属 *Viburnum*

落叶灌木，高可达 4 米。广泛分布于中国东北、河北、山西、陕西、甘肃、河南、山东、安徽、浙江、江西、湖北和四川等地。花期 5—6 月，果期 9—10 月。

复伞形式聚伞花序，周围有大型的不孕花，花生于第二级至第三级辐射枝上，花冠白色。叶片轮廓圆卵形至广卵形或倒卵形，通常 3 裂，掌状无毛。核果，球形，红色。

加拿大杨（jiā ná dà yáng）

Populus × *canadensis*

被子植物门 Angiospermae >> 杨柳科 Salicaceae >> 杨属 *Populus*

落叶乔木，高 30 余米。我国除广东、云南、西藏外，各省份均有引种栽培。花期 4 月，果期 5—6 月。

柔荑花序，雄花序长 7～15 厘米，雌花序有 45～50 朵花。单叶互生，叶三角形或三角状卵形，长 7～10 厘米。果序长达 27 厘米，蒴果长圆形，长约 8 毫米。

金银忍冬（jīn yín rěn dōng）

Lonicera maackii

被子植物门 Angiospermae >> 忍冬科 Caprifoliaceae >> 忍冬属 *Lonicera*

落叶灌木，高达 6 米。广泛分布于中国东北、华北、华东、西北等地。花期 5—6 月，果期 8—10 月。

花成对腋生，花冠二唇形，长 1～2 厘米，初开时白色，后变黄色。单叶对生，卵状椭圆形，长 5～8 厘米。浆果，球形，成熟时呈暗红色。

锦带花（jǐn dài huā）

Weigela florida

被子植物门 Angiospermae >> 忍冬科 Caprifoliaceae >> 锦带花属 *Weigela*

落叶灌木，高 1～3 米。分布于黑龙江、吉林、辽宁、内蒙古、山西、陕西、河南、山东北部、江苏北部等。花期 4—6 月，果期 8—10 月。

花单生或成聚伞花序，生于侧生短枝的叶腋或枝顶，花冠紫红色或玫瑰红色，长 3～4 厘米。叶椭圆形至倒卵状椭圆形，长 5～10 厘米，边缘有锯齿。蒴果，柱状。

锦鸡儿（jǐn jī ér）

Caragana sinica

被子植物门 Angiospermae >> 豆科 Fabaceae >> 锦鸡儿属 *Caragana*

落叶灌木，高约 2 米。原产欧亚大陆，广布于中国长江以北的干燥地区。花期 4—6 月，果期 6—8 月。

花单生，蝶形花冠，花冠黄色，稍带紫红色，长 2.8～3 厘米。羽状复叶有小叶 2 对，叶柄和托叶常特化成刺。荚果圆筒形，长 3～3.5 厘米。

荆条（jīng tiáo）

Vitex negundo var. *heterophylla*

被子植物门 Angiospermae >> 唇形科 Lamiaceae >> 牡荆属 *Vitex*

落叶灌木或小乔木，高达 2～8 米。广泛分布于辽宁、河北、山西、山东、河南、陕西、甘肃、江苏、安徽、江西、湖南、贵州、四川等地。花期 6—8 月，果期 9—10 月。

聚伞花序集成圆锥花序，长 10～27 厘米，花冠蓝紫色。掌状复叶对生，小叶 5～7 片，叶缘呈大锯齿状或羽状深裂。核果近球形，果径 2～5 毫米，黑褐色。

糠椴（kāng duàn）

Tilia mandshurica

被子植物门 Angiospermae >> 锦葵科 Malvaceae >> 椴属 *Tilia*

落叶乔木，高达 20 米。产于中国东北各省及河北、内蒙古、山东和江苏北部。花期 7 月，果期 9 月。

聚伞花序长 6～9 厘米，有花 6～12 朵，花瓣黄色。叶卵圆形，长 8～10 厘米，边缘有粗锯齿。核果球形，长 7～9 毫米。

蜡梅（là méi）

Chimonanthus praecox

被子植物门 Angiospermae >> 蜡梅科 Calycanthaceae >> 蜡梅属 *Chimonanthus*

落叶灌木或小乔木，高达 4 米，北京地区最早开花的木本植物之一，开花时散发醉人幽香。原产中国中部，现广泛栽培。花期 11 月至翌年 3 月，果期 4—11 月。

花单生，先叶开放，花径 2～4 厘米，黄色蜡质。叶纸质，卵圆形或椭圆形，长 5～29 厘米，先端尖或渐尖。蒴果托坛状，近木质，长 2～5 厘米，径 1～2.5 厘米，口部缢缩。

栗（lì）

Castanea mollissima

被子植物门 Angiospermae >> 壳斗科 Fagaceae >> 栗属 *Castanea*

落叶乔木，高达 20 米。在中国广泛分布。花期 5—6 月，果期 8—10 月。

花单性，雌雄同株，雌花序为聚伞花序，每一雌花序有 3 朵雌花，聚生在一个总苞内。雄花序穗状，长 10～20 厘米，淡黄褐色。单叶互生，椭圆形或长圆形，长 7～15 厘米，叶缘有锯齿。壳斗连刺直径 4～6.5 厘米，外被长短疏密不一的锐刺。

连翘（lián qiáo）

Forsythia suspensa

被子植物门 Angiospermae >> 木樨科 Oleaceae >> 连翘属 *Forsythia*

落叶灌木，高可达 3 米。原产中国中部和北部。花期 3—4 月，果期 7—9 月。

花单生或 2 朵至数朵着生于叶腋，先叶开放，长 1.2～2 厘米，花冠黄色，花为 4 瓣。枝条开展或下垂，节间中空，节部具实心髓。叶对生，单叶或羽状三出复叶，叶片边缘有锐锯齿。果卵球形或长椭圆形，先端喙状渐尖。

辽梅山杏（liáo méi shān xìng）

Prunus sibirica ‘Pleniflora’

被子植物门 Angiospermae >> 蔷薇科 Rosaceae >> 李属 *Prunus*

落叶乔木，是山杏的变种之一。在辽宁、华北等地栽培。花期 3—4 月，果期 7—8 月。

花单生，先叶开放，花径 2～3 厘米，花形似梅花，具清香。叶片卵圆形，基部宽楔形，先端渐尖。果实直径 1.5～2.5 厘米，扁球形。

龙爪槐（lóng zhǎo huái）

Styphnolobium japonicum 'Pendula'

被子植物门 Angiospermae >> 豆科 Fabaceae >> 槐属 *Styphnolobium*

落叶乔木，枝和小枝均下垂，并向不同方向弯曲盘悬，形似龙爪。原产于中国华北、西北，在园林中广泛栽培。花期 7—8 月，果期 8—10 月。

圆锥花序顶生，长达 30 厘米，蝶形花冠，花冠白色或淡黄色。羽状复叶长达 25 厘米；小叶 4 ～ 7 对，对生或近互生，长 2.5 ～ 6 厘米。荚果串珠状，长 2.5 ～ 5 厘米。

龙爪柳（lóng zhǎo liǔ）

Salix matsudana f. *tortuosa*

被子植物门 Angiospermae >> 杨柳科 Salicaceae >> 柳属 *Salix*

落叶乔木，高达 18 米。产于中国东北、华北、西北等地区。花期 4 月，果期 4—5 月。

柔荑花序，与叶同时开放。雄花序圆柱形，长 1.5 ～ 2.5 厘米；雌花序较雄花序短，长约 2 厘米。枝条卷曲向上，不规则扭曲。叶互生，线状披针形。果序长 2 ～ 2.5 厘米。

栾树（luán shù）

Koelreuteria paniculata

被子植物门 Angiospermae >> 无患子科 Sapindaceae >> 栾属 *Koelreuteria*

落叶乔木或灌木。广泛分布于中国北部及中部大部分地区。花期 6—8 月，果期 9—10 月。

圆锥花序顶生，长达 40 厘米，花小，金黄色。羽状复叶，小叶

11 ～ 18 枚，宽卵形或卵状披针形，长 5 ～ 10 厘米。蒴果圆锥形，具 3 棱，长 4 ～ 6 厘米，红褐色。

毛白杨（máo bái yáng）

Populus tomentosa

被子植物门 Angiospermae >> 杨柳科 Salicaceae >> 杨属 *Populus*

落叶乔木，高达 30 米。原产中国，作为优良的行道树种和造林树种在中国广为分布。花期 3 月，果期 4—5 月。

柔荑花序，雌雄异株，早春先开花后长叶，雄花序长 10 ～ 14 厘米，雌花序长 4 ～ 7 厘米。叶宽卵形或三角状卵形，长 10 ～ 15 厘米，上面光滑，下面密生毡毛，后渐脱落。果序长达 14 厘米，蒴果圆锥形或长卵形。

毛梾（máo lái）

Cornus walteri

被子植物门 Angiospermae >> 山茱萸科 Cornaceae >> 山茱萸属 *Cornus*

落叶乔木，高达 15 米。分布于辽宁、河北、山西南部以及华东、华中、华南、西南各省份。花期 5—6 月，果期 7—9 月。

伞房状聚伞花序顶生，长 5 ～ 6 厘米；花白色，花径约 1 厘米。叶对生，椭圆形或长圆形，长 4 ～ 12 厘米。核果圆球形，径 6 ～ 7 毫米，成熟时呈黑色，被白色平伏毛。

毛泡桐（máo pāo tóng）

Paulownia tomentosa

被子植物门 Angiospermae >> 泡桐科 Paulowniaceae >> 泡桐属

Paulownia

　　落叶乔木，高达 20 米。原产中国，常见栽培。花期 4—5 月，果期 8—9 月。

　　聚伞花序顶生，3～5 朵组成小聚伞花序，花冠紫色，漏斗状钟形，长 5～7.5 厘米。单叶对生，叶心形，长达 40 厘米。蒴果卵圆形，幼时密生黏质腺毛，长 3～4.5 厘米。

玫瑰（méi guī）

Rosa rugosa

被子植物门 Angiospermae >> 蔷薇科 Rosaceae >> 蔷薇属 *Rosa*

　　落叶灌木，高达 2 米。原产中国华北，各地均有栽培。花期 5—6 月，果期 8—9 月。

　　花单生叶腋或呈伞房状，花径 4～5 厘米，花瓣紫红或白色。叶互生，奇数羽状复叶，枝干和叶柄密生皮刺、针刺或刺毛，小叶片 3 枚或 5 枚，边缘有锯齿。蔷薇果扁球形，直径 2～2.5 厘米，成熟时呈砖红色。

美国凌霄（měi guó líng xiāo）

Campsis radicans

被子植物门 Angiospermae >> 紫葳科 Bignoniaceae >> 凌霄属 *Campsis*

　　落叶木质藤本，长达 10 米。广泛栽培作庭园观赏植物。花期 6—8 月，果期 7—9 月。

　　圆锥花序顶生，长 15～20 厘米；花冠筒细长漏斗状，花径约 4 厘米，橙红色至鲜红色。奇数羽状复叶，对生；小叶 7～9，椭圆形至卵状椭圆形，边缘有锯齿。蒴果长圆柱形，长 8～12 厘米。

蒙椴（méng duàn）

Tilia mongolica

被子植物门 Angiospermae >> 锦葵科 Malvaceae >> 椴属 *Tilia*

落叶乔木，高达 10 米。产于内蒙古、河北、河南、山西及南京市江宁区西部。花期 7 月，果期 9 月。

聚伞花序长 5 ～ 8 厘米，有 6 ～ 12 朵花。叶圆形或卵圆形，长 4 ～ 6 厘米，边缘有粗齿。果实倒卵圆形，长 6 ～ 8 毫米。

牡丹（mǔ dān）

Paeonia × suffruticosa

被子植物门 Angiospermae >> 芍药科 Paeoniaceae >> 芍药属 *Paeonia*

落叶灌木，高达 2 米。原产于中国的长江流域与黄河流域诸省份，至今已有 1600 多年的栽培历史。花期 4—5 月，果期 8—9 月。

牡丹被誉为"花中之王"，花单生枝顶，花瓣 5 瓣或为重瓣，玫瑰色、红紫色或粉红色至白色。叶常为二回三出复叶，长 7 ～ 8 厘米。蓇葖果长圆形，密生黄褐色硬毛。

木瓜（mù guā）

Pseudocydonia sinensis

被子植物门 Angiospermae >> 蔷薇科 Rosaceae >> 木瓜属 *Pseudocydonia*

落叶灌木或小乔木，高达 10 米。分布于山东、陕西、湖北、江西、安徽、江苏、浙江、广东、广西等地。花期 4 月，果期 9—10 月。

花单生叶腋，花径 2.5 ～ 3 厘米，花瓣淡粉红色。叶椭圆形或长圆形，长 5 ～ 8 厘米。果长椭圆形，长 10 ～ 15 厘米，成熟时呈暗黄色。

木槿（mù jǐn）

Hibiscus syriacus

被子植物门 Angiospermae >> 锦葵科 Malvaceae >> 木槿属 *Hibiscus*

落叶灌木，高 3 ～ 4 米。原产中国中部，现广泛栽培。花期 6—9，果期 9—10 月。

花单生枝端叶腋，花冠钟形，长 3.5 ～ 4.5 厘米，淡紫色或紫红色。单叶互生，叶菱形或三角状卵形，长 3 ～ 10 厘米，边缘具不整齐齿缺。蒴果，卵圆形，直径约 1.2 厘米，密被黄色星状绒毛。

平枝栒子（píng zhī xún zǐ）

Cotoneaster horizontalis

被子植物门 Angiospermae >> 蔷薇科 Rosaceae >> 栒子属 *Cotoneaster*

落叶或半常绿匍匐灌木，高不超过 0.5 米。原产陕西、甘肃、湖北、湖南、四川、贵州、云南。花期 5—6 月，果期 9—10 月。

花 1 ～ 2 朵，单生于叶腋或在短枝顶端，直径 5 ～ 7 毫米，花瓣粉红色。枝水平开张成整齐二列状。叶近圆形或宽椭圆形，长 0.5 ～ 1.4 厘米。果近球形，直径 5 ～ 7 毫米，成熟时呈鲜红色。

七叶树（qī yè shù）

Aesculus chinensis

被子植物门 Angiospermae >> 无患子科 Sapindaceae >> 七叶树属 *Aesculus*

落叶乔木，高达 25 米。原产中国华北，现多见栽培。花期 5—6 月，果期 10 月。

圆锥花序，长 30 ～ 36 厘米，小花序具 5 ～ 10 朵花，长 2 ～ 2.5 厘米，花冠白色。叶为掌状复叶，多为 7 片小叶，边缘有钝尖形的细锯齿，长 8 ～ 16 厘米。果球形或倒卵形，径 3 ～ 4 厘米，成熟时呈黄褐色。

青杆（qīng qiān）

Picea wilsonii

裸子植物门 Gymnospermae >> 松科 Pinaceae >> 云杉属 *Picea*

常绿乔木，高达 50 米。产于内蒙古、河北等地。花期 4 月，果期 10 月。

裸子植物，雌雄同株。雄球花黄色，雌球花紫红色。叶四棱状条形，长 0.8 ～ 1.3 厘米，近辐射排列。球果卵状圆柱形，长 5 ～ 8 厘米，成熟时呈黄褐色或淡褐色。

楸树（qiū shù）

Catalpa bungei

被子植物门 Angiospermae >> 紫葳科 Bignoniaceae >> 梓属 *Catalpa*

落叶乔木，高 8 ～ 12 米。产于河北、河南、山东、山西、陕西、甘肃、江苏、浙江、湖南等地。花期 5—6 月，果期 6—10 月。

伞房状总状花序顶生，有花 2 ～ 12 朵，花冠淡红色，内面有 2 黄色条纹及暗紫色斑点，长 3 ～ 3.5 厘米。叶三角状卵形、卵形或卵状长圆形，长 6 ～ 15 厘米。蒴果线形，长 25 ～ 45 厘米。

三叶木通（sān yè mù tōng）

Akebia trifoliata

被子植物门 Angiospermae >> 木通科 Lardizabalaceae >> 木通属 *Akebia*

落叶木质藤本。产于河北、山西、山东、河南、陕西南部、甘肃东南部至长江流域各地。花期 4—5 月，果期 7—8 月。

总状花序生于短枝叶丛中，长 6 ～ 16 厘米，下部有 1 ～ 2 朵雌花，上部有 15 ～ 30 朵雄花，紫红色。掌状 3 枚小叶，长 3 ～ 8 厘米。蓇葖果长 5 ～ 8 厘米，成熟时呈淡紫色或土灰色。

桑（sāng）

Morus alba

被子植物门 Angiospermae >> 桑科 Moraceae >> 桑属 *Morus*

落叶乔木或灌木状，高达 15 米。原产中国中部和北部，现由东北至西南各省份、西北至新疆均有栽培。花期 4—5 月，果期 5—7 月。

柔荑花序，雌雄异株。雄花序下垂，长 2 ～ 3.5 厘米，雌花序长 1 ～ 2 厘米。叶卵形或宽卵形，长 5 ～ 15 厘米，边缘有粗钝的锯齿。果实为聚花果，呈卵状椭圆形，长 1 ～ 2.5 厘米，成熟时呈红色或暗紫色。

色木槭（sè mù qì）

Acer pictum

被子植物门 Angiospermae >> 无患子科 Sapindaceae >> 槭属 *Acer*

落叶乔木，高达 15 ～ 20 米。分布于中国东北、华北和长江中下游地区至云南、四川。花期 4—5 月，果期 9 月。

顶生圆锥状伞房花序，长与宽均约 4 厘米，花黄绿色。叶近椭圆形，长 6 ～ 8 厘米，掌状 5 裂，秋叶红艳。翅果嫩时紫绿色，成熟时呈淡黄色。

杉松（shān sōng）

Abies holophylla

裸子植物门 Gymnospermae >> 松科 Pinaceae >> 冷杉属 *Abies*

常绿乔木，高达 30 米。产于中国东北牡丹江流域山区、长白山山区及辽河东部山区。花期 4—5 月，果期 9—10 月。

裸子植物，雌雄同株。雄球花圆筒形下垂，长约 15 毫米；雌球花长圆筒状直立，长约 35 毫米。叶条形坚硬，直伸或弯镰状，长 2 ～ 4 厘米。球果圆柱形，长 6 ～ 14 厘米，幼时绿色，成熟时呈淡褐色。

山桃（shān táo）

Prunus davidiana

被子植物门 Angiospermae >> 蔷薇科 Rosaceae >> 李属 *Prunus*

落叶乔木，高达 10 米。广泛分布于河北、山西、山东、河南、陕西、甘肃、四川、云南、贵州等地。花期 3—4 月，果期 7—8 月。

花单生，先叶开放，花瓣倒卵形或近圆形，花径 2 ～ 3 厘米，花色白色和粉色。单叶互生，卵状披针形，长 5 ～ 13 厘米，边缘有细锐锯齿。核果近球形，径 2.5 ～ 3.5 厘米，成熟时呈淡黄色，密被柔毛。

山楂（shān zhā）

Crataegus pinnatifida

被子植物门 Angiospermae >> 蔷薇科 Rosaceae >> 山楂属 *Crataegus*

落叶乔木，高达 6 米。广泛分布于黑龙江、吉林、辽宁、内蒙古、河北、河南、山东、山西、陕西、江苏等地。花期 5—6 月，果期 9—10 月。

伞形花序，直径 4～6 厘米，花瓣倒卵形或近圆形，花冠白色，花径约 1.5 厘米。叶宽卵形或三角状卵形，长 5～10 厘米，有 3～5 对羽状深裂片，边缘有不规则重锯齿。果近球形或梨形，直径 1～1.5 厘米，成熟时呈深红色，有浅色斑点。

山茱萸（shān zhū yú）

Cornus officinalis

被子植物门 Angiospermae >> 山茱萸科 Cornaceae >> 山茱萸属 *Cornus*

落叶乔木或灌木，高 4～10 米。分布于山西、陕西、甘肃、山东、江苏、浙江、安徽、江西、河南、湖南等地。花期 3—4 月，果期 9—10 月。

伞形花序生于枝侧，先叶开放，每朵小花有 4 枚花瓣，长 3.3 毫米，黄色。叶对生，纸质，卵状披针形或卵状椭圆形，长 5.5～10 厘米。核果长椭圆形，长 1.2～1.7 厘米。

柿树（shì shù）

Diospyros kaki

被子植物门 Angiospermae >> 柿科 Ebenaceae >> 柿属 *Diospyros*

落叶乔木，高达 20 米。原产中国长江流域，现广泛栽培。花期 5—6 月，果期 9—10 月。

聚伞花序腋生，雌雄异株。雄花序长 1～1.5 厘米，通常有花 3 朵；雌花单生叶腋，长约 2 厘米，花冠钟形，黄白色。单叶互生，椭圆形或倒卵形，长 5～18 厘米。果实为浆果，扁球形而略呈方形，直径 3.5～8.5 厘米，嫩时绿色，成熟时呈橙黄色。

鼠李（shǔ lǐ）

Rhamnus davurica

被子植物门 Angiospermae >> 鼠李科 Rhamnaceae >> 鼠李属 *Rhamnus*

落叶灌木或小乔木，高达 10 米。产于黑龙江、吉林、辽宁、河北、山西等地。花期 5—6 月，果期 7—10 月。

花单性，雌雄异株。雌花 1～3 朵生于叶腋或数朵至 20 余朵簇生于短枝端。叶对生或近对生，宽椭圆形或卵圆形，长 4～13 厘米，边缘具圆齿状细锯齿。核果球形，黑色，直径 5～6 毫米。

水杉（shuǐ shān）

Metasequoia glyptostroboides

裸子植物门 Gymnospermae >> 柏科 Cupressaceae >> 水杉属 *Metasequoia*

落叶乔木，高达 50 米。中国特有单种属，野生仅分布于重庆石柱土家族自治县、湖北利川市磨刀溪及水杉坝一带和湖南西北部龙山县及桑植县等地，现各地广泛移栽种植。花期 4—5 月，果期 10—11 月。

裸子植物，雌雄同株。雄球花排成总状或圆锥状花序，雌球花单生侧生小枝顶端。叶线形，长 0.8～3.5 厘米；在侧生小枝上排成羽状，长 4～15 厘米。球果下垂，近四棱状球形，成熟前呈绿色，成熟时呈深褐色，长 1.8～2.5 厘米。

四照花（sì zhào huā）

Cornus kousa subsp. *chinensis*

被子植物门 Angiospermae>> 山茱萸科 Cornaceae>> 山茱萸属 *Cornus*

落叶小乔木，高 5 ～ 9 米。分布于内蒙古、山西、陕西、甘肃、江苏、安徽、浙江、江西、福建、台湾、河南、湖北、湖南、四川、贵州、云南等地。花期 5—6 月，果期 8—10 月。

头状花序近球形，生于小枝顶端，具 20 ～ 30 朵花；花序总苞片 4 枚，长达 5 厘米，乳白色。单叶对生，厚纸质，卵形或椭圆形，长 6 ～ 12 厘米。果球形，直径 1.5 ～ 2.5 厘米，成熟时呈紫红色。

酸枣（suān zǎo）

Ziziphus jujuba var. *spinosa*

被子植物门 Angiospermae >> 鼠李科 Rhamnaceae >> 枣属 *Ziziphus*

落叶灌木或小乔木，高 1 ～ 4 米。原产中国，分布于大部分北方省份及江苏、安徽等地。花期 5—6 月，果期 8—9 月。

聚伞花序腋生，花黄绿色。单叶互生，叶片椭圆形，长 1.5 ～ 3.5 厘米，边缘有细锯齿。核果近球形，成熟时为红褐色，长 0.7 ～ 1.2 厘米，味酸。

太平花（tài píng huā）

Philadelphus pekinensis

被子植物门 Angiospermae >> 绣球花科 Hydrangeaceae >> 山梅花属 *Philadelphus*

落叶灌木，高达 2 米。分布于内蒙古、辽宁、河北、河南、山西、陕西、湖北。花期 5—7 月，果期 8—10 月。

总状花序有 5 ～ 7 朵花，花径 2 ～ 3 厘米，花瓣白色。单叶对生，卵形或宽椭圆形，长 6 ～ 9 厘米。蒴果近球形或倒圆锥形，直径 5 ～ 7 毫米。

绦柳（tāo liǔ）

Salix matsudana 'Pendula'

被子植物门 Angiospermae >> 杨柳科 Salicaceae >> 柳属 *Salix*

落叶乔木，可高达 18 米。产于中国东北、华北、西北、上海等地，作为一种优美的绿化和园林树种被广泛栽培。花期 3—4 月，果期 4—5 月。

柔荑花序，雌雄异株，花序先叶开放或与叶同放。雄花序长 1.5～2 厘米，雌花序长 2～3 厘米。枝条细长下垂，叶窄披针形或线状披针形，长 9～16 厘米。蒴果长 3～4 毫米，种子具丝状毛，成熟后随风飘散。

贴梗海棠（tiē gěng hǎi táng）

Chaenomeles speciosa

被子植物门 Angiospermae >> 蔷薇科 Rosaceae >> 木瓜海棠属 *Chaenomeles*

落叶灌木，高 2 米。原产陕西、甘肃、四川、贵州、云南、广东。花期 3—5 月，果期 9—10 月。

花 3～5 朵，簇生于二年生老枝，先叶开放，花径 3～5 厘米，花瓣猩红色，花梗极短，花朵紧贴在枝干上。叶卵形至椭圆形，长 3～9 厘米，边缘有尖锐锯齿。果球形或卵球形，直径 4～6 厘米，成熟时为黄色或带有红色，果实成熟后表皮会微有皱缩。

猥实（wèi shí）

Kolkwitzia amabilis

被子植物门 Angiospermae >> 忍冬科 Caprifoliaceae >> 猬实属 *Kolkwitzia*

落叶灌木，高达 3 米。分布于山西、陕西、甘肃、河南、湖北及安徽等省份。花期 4—5 月，果期 8—9 月。

聚伞花序组成伞房状，顶生或腋生，花冠淡红色，钟状，内面具黄色斑纹，长 1.5～2.5 厘米。单叶对生，椭圆形，长 3～8 厘米。瘦果状核果合生，密被黄色刺刚毛。

文冠果（wén guān guǒ）

Xanthoceras sorbifolium

被子植物门 Angiospermae >> 无患子科 Sapindaceae >> 文冠果属 *Xanthoceras*

落叶灌木或小乔木，高 2～5 米。原产于中国北部和东北部。花期 4—5 月，果期 9—10 月。

总状花序，花序先于叶抽出或与叶同时抽出，两性花的花序顶生，雄花序腋生，长 12～20 厘米。花瓣白色，基部紫红色或黄色，有清晰的脉纹，长约 2 厘米。小叶 4～8 对，披针形或近卵形，长 2.5～6 厘米，边缘有锐利锯齿。蒴果长达 6 厘米，种子黑色而有光泽。

梧桐（wú tóng）

Firmiana simplex

被子植物门 Angiospermae >> 锦葵科 Malvaceae >> 梧桐属 *Firmiana*

落叶乔木，高达 16 米。分布在中国各地，广泛栽培。花期 6—7 月，果期 9—10 月。

圆锥花序顶生，长 20～50 厘米，花淡黄绿色，萼片花瓣状。单叶互生，掌状 3～5 裂，宽 15～30 厘米。蓇葖果膜质，成熟前开裂成叶状，长 6～11 厘米。

五叶地锦（wǔ yè dì jǐn）

Parthenocissus quinquefolia

被子植物门 Angiospermae >> 葡萄科 Vitaceae >> 地锦属 *Parthenocissus*

木质藤本。原产北美，中国东北、华北各地有栽培。花期 6—7 月，果期 8—10 月。

圆锥状多歧聚伞花序，长 8 ～ 20 厘米。5 枚小叶掌状复叶，小叶倒卵圆形或外侧小叶椭圆形，长 5.5 ～ 15 厘米，边缘有粗锯齿。果球形，径 1 ～ 1.2 厘米。

西府海棠（xī fǔ hǎi táng）

Malus × micromalus

被子植物门 Angiospermae >> 蔷薇科 Rosaceae >> 苹果属 *Malus*

落叶小乔木，高达 2.5 ～ 5 米。分布于辽宁、河北、山东、甘肃、云南、山西、陕西、内蒙古等地。花期 4—5 月，果期 8—9 月。

伞形总状花序，有花 4 ～ 7 朵，集生于小枝顶端，花瓣粉红色，花径约 4 厘米。叶片长椭圆形或椭圆形，长 5 ～ 10 厘米，边缘有锐锯齿。果实近球形，直径 1 ～ 1.5 厘米，成熟时呈红色。

西洋接骨木（xī yáng jiē gǔ mù）

Sambucus nigra

被子植物门 Angiospermae >> 荚蒾科 Viburnaceae >> 接骨木属 *Sambucus*

落叶灌木或小乔木，高 4 ～ 10 米。原产欧洲，中国山东、江苏、上海等地民间和庭园有引种栽培。花期 4—5 月，果期 7—8 月。

圆锥形聚伞花序顶生，花与叶同出，花小而密；花冠白色或淡黄色。奇数羽状复叶有小叶 2 ～ 3 对，椭圆形或椭圆状卵形，长

4～10厘米，边缘有锐锯齿。果实亮黑色，卵圆形或近圆形，直径
3～5毫米。

小叶杨（xiǎo yè yáng）

Populus simonii

被子植物门 Angiospermae >> 杨柳科 Salicaceae >> 杨属 *Populus*

落叶乔木，可高达20米。中国华北各地常见分布，以黄河中下
游地区分布最为集中。花期3—4月，果期5—6月。

柔荑花序，雌雄异株，花先叶开放；雄花序长2～7厘米，雌
花序长2.5～6厘米。叶菱状椭圆形或菱状倒卵形，长3～12厘米。
果序长达15厘米，蒴果小，无毛。

杏（xìng）

Prunus armeniaca

被子植物门 Angiospermae >> 蔷薇科 Rosaceae >> 李属 *Prunus*

落叶乔木，可高达15米。分布在中国各地，多数为栽培，尤以
华北、西北和华东地区种植较多。花期3—4月，果期6—7月。

花单生，先叶开放，花径2～3厘米，萼片在花开后反折，花
白色，微带浅浅的红晕。叶宽卵形或圆卵形，长5～9厘米。核果
球形，直径2.5厘米以上，成熟时呈白色、黄色或黄红色。

雪松（xuě sōng）

Cedrus deodara

裸子植物门 Gymnospermae >> 松科 Pinaceae >> 雪松属 *Cedrus*

常绿乔木，高达30米。原产喜马拉雅山地西部，现各地广泛栽
培。花期10—11月，球果翌年10月成熟。

裸子植物，雌雄同株。雄球花长卵圆形，长 2～3 厘米；雌球花卵圆形，长约 8 毫米。叶针形，淡绿色或深绿色，长 2.5～5 厘米，针叶在短枝上 5 针以上簇生，长枝上螺旋状排列。球果卵圆形或近球形，长 7～12 厘米，幼时淡绿色，微被白粉，成熟时呈栗褐色。

盐肤木（yán fū mù）

Rhus chinensis

被子植物门 Angiospermae >> 漆树科 Anacardiaceae >> 盐肤木属 *Rhus*

落叶小乔木或灌木，高 2～10 米。除东北、内蒙古和新疆外，中国其余各地均有分布。花期 8—9 月，果期 10 月。

圆锥花序被锈色柔毛，花白色，花瓣倒卵状长圆形。复叶具 7～13 枚小叶，椭圆形或卵状椭圆形，边缘有粗锯齿。核果红色，扁球形，直径 4～5 毫米。

一球悬铃木（yī qiú xuán líng mù）

Platanus occidentalis

被子植物门 Angiospermae >> 悬铃木科 Platanaceae >> 悬铃木属 *Platanus*

落叶乔木，高 40 余米。原产北美洲，现广泛被引种。花期 4—5 月，果期 9—10 月。

头状花序，雌雄同株，雌花雄花生于不同枝条。单叶互生，叶大，阔卵形，通常 3 浅裂，宽 10～22 厘米。头状果序圆球形，单生，直径约 3 厘米。

银白杨（yín bái yáng）

Populus alba

被子植物门 Angiospermae >> 杨柳科 Salicaceae >> 杨属 *Populus*

落叶乔木，高达 30 米。分布于中国东北、华北、西北各地。花期 4—5 月，果期 5 月。

柔荑花序，雄花序长 3～6 厘米，雌花序长 5～10 厘米，花序轴有毛。叶卵圆形，掌状 3～5 浅裂，长 4～10 厘米。蒴果细圆锥形，长约 5 毫米。

银杏（yín xìng）

Ginkgo biloba

裸子植物门 Gymnospermae >> 银杏科 Ginkgoaceae >> 银杏属 *Ginkgo*

落叶乔木，高达 40 米。中国特有植物，为中生代孑遗的稀有树种，仅浙江天目山有野生状态的树木，现全国各地广泛栽培。花期 3—4 月，果期 9—10 月。

裸子植物，雌雄异株。雄球花淡黄色，雌球花淡绿色。叶互生，在长枝上螺旋状散生，在短枝上 3～8 枚簇生，扇形，上部宽 5～8 厘米，二歧状分叉叶脉。种子椭圆形近球形，长 2.5～3.5 厘米，直径为 2 厘米，外种皮肉质，成熟时呈黄色或橙黄色，外被白粉，有臭味。

迎春花（yíng chūn huā）

Jasminum nudiflorum

被子植物门 Angiospermae >> 木樨科 Oleaceae >> 素馨属 *Jasminum*

落叶灌木，直立或匍匐，高 0.3～5 米。原产中国北部及中部，园林栽培很普遍。花期 3—4 月，一般不结果。

花单生在去年生的枝条上，先叶开放，花冠高脚碟状，通常为 6 瓣，金黄色外染红晕，花径 2 ～ 2.5 厘米。枝条多拱形下垂生长，四棱形，三出复叶对生，叶卵形或椭圆形，叶长 1 ～ 3 厘米。果少见。

油松（yóu sōng）

Pinus tabuliformis

裸子植物门 Gymnospermae >> 松科 Pinaceae >> 松属 *Pinus*

常绿乔木，高达 25 米。中国特有树种，长江以北广泛分布。花期 4—5 月，球果翌年 10 月成熟。

裸子植物，雌雄同株。雄球花圆柱形，长 1.2 ～ 1.8 厘米，在新枝下部聚生成穗状；雌球花单生或 2 ～ 4 枚聚生于新枝近顶端，幼时浅红色，后变淡黄色。叶二针一束，深绿色，粗硬，长 10 ～ 15 厘米。球果卵形或圆卵形，长 4 ～ 9 厘米，成熟时呈淡褐黄色，常宿存树上数年之久。

榆树（yú shù）

Ulmus pumila

被子植物门 Angiospermae >> 榆科 Ulmaceae >> 榆属 *Ulmus*

落叶乔木，高达 25 米。分布于中国东北、华北、西北及西南各地。花期 3—4 月，果期 4—5 月。

聚伞花序，先叶开放，在前一年生枝的叶腋处呈簇状生出，花药紫色。叶呈椭圆状卵形或椭圆状披针形，长 2 ～ 8 厘米，边缘有单锯齿或重锯齿。翅果近圆形，俗称"榆钱"，长 1.2 ～ 2 厘米。

榆叶梅（yú yè méi）

Prunus triloba

被子植物门 Angiospermae >> 蔷薇科 Rosaceae >> 李属 *Prunus*

落叶灌木或小乔木，高 2～3 米。中国北方多栽培观赏用。花期 4—5 月，果期 6—7 月。

花单生或 2 朵并生，先叶开放，花瓣粉红色，花径 2～3 厘米。叶宽椭圆形或倒卵形，长 2～6 厘米，边缘有重锯齿。核果近球形，直径 1～1.8 厘米，成熟时呈红色。

玉兰（yù lán）

Yulania denudata

被子植物门 Angiospermae >> 木兰科 Magnoliaceae >> 玉兰属 *Yulania*

落叶乔木，可高达 25 米。原产中国中部，分布于江西（庐山）、浙江（天目山）、湖南（衡山）、贵州，现广泛栽培。花期 3—4 月，果期 9—10 月。

花单生，先叶开放，花径 10～16 厘米，花被片 9 片，白色，基部常带粉红色，芳香。单叶互生，倒卵形，全缘，长 10～15 厘米。聚合蓇葖果为粉红色，长 12～15 厘米，成熟时开裂。

郁李（yù lǐ）

Prunus japonica

被子植物门 Angiospermae >> 蔷薇科 Rosaceae >> 李属 *Prunus*

落叶灌木，高达 1.5 米。原产中国长江以北。花期 4 月，果期 7—8 月。

花单生或 1～3 朵簇生，花叶同放或先叶开放，花瓣白色或粉红色。叶卵形或卵状披针形，长 3～7 厘米，有缺刻状尖锐重锯齿。核果近球形，表面光滑无毛，径约 1 厘米，成熟时呈深红色。

圆柏（yuán bǎi）

Juniperus chinensis

裸子植物门 Gymnospermae >> 柏科 Cupressaceae >> 刺柏属 *Juniperus*

常绿乔木，高达 20 米。原产中国，现广泛栽培。花期 3—4 月，果期翌年 11 月。

裸子植物，雌雄异株，稀同株。雄球花黄色，椭圆形；雌球花近球形，黄绿色。叶二型，即刺叶及鳞叶，幼年圆柏的叶是刺状的，此后变为刺状和鳞状杂生。球果近圆球形，成熟时呈暗褐色，球果上覆一层白粉，成熟后不开裂。

元宝槭（yuán bǎo qì）

Acer truncatum

被子植物门 Angiospermae >> 无患子科 Sapindaceae >> 槭属 *Acer*

落叶乔木，高达 10 米。产于吉林、辽宁、内蒙古、河北、山西、山东、江苏北部、河南、陕西、甘肃等地。花期 4—5 月，果期 9—10 月。

伞房花序顶生，雄花与两性花同株，黄绿色，花瓣 5 瓣。叶对生，掌状 5 裂，全缘，长 5 ~ 12 厘米。双翅果，小坚果果核扁平，翅矩圆形。

云杉（yún shān）

Picea asperata

裸子植物门 Gymnospermae >> 松科 Pinaceae >> 云杉属 *Picea*

常绿乔木，高达 45 米。产于陕西、甘肃、四川等地。花期 4—5 月，果期 9—10 月。

裸子植物，雌雄同株，雄球花和雌球花都是绿色。叶四棱状条形，长 1.3～2 厘米。球果圆柱长圆形，长 5～16 厘米，成熟时呈淡褐色或褐色。

杂种鹅掌楸（zá zhǒng é zhǎng qiū）

Liriodendron × sinoamericanum

被子植物门 Angiospermae >> 木兰科 Magnoliaceae >> 鹅掌楸属 *Liriodendron*

落叶乔木，高达 60 米。在中国多个城市均有栽培。花期 4—5 月，果期 9—10 月。

花单生枝顶，花径 5～6 厘米，橘黄色，杯状形似郁金香。单叶互生，长 7～12 厘米，先端略凹，形似马褂或鹅掌形。聚合果纺锤形，长 7～9 厘米。

枣（zǎo）

Ziziphus jujuba

被子植物门 Angiospermae >> 鼠李科 Rhamnaceae >> 枣属 *Ziziphus*

落叶小乔木，高达 10 米。原产中国，现广泛分布与栽培。花期 5—7 月，果期 8—9 月。

聚伞花序腋生，花黄绿色。单叶互生，叶片卵形或卵状椭圆形，长 3～7 厘米，边缘有圆齿状锯齿。核果矩圆形或长卵圆形，长 2～3.5 厘米，成熟时呈红色，后变红紫色。

皂荚（zào jiá）

Gleditsia sinensis

被子植物门 Angiospermae >> 豆科 Fabaceae >> 皂荚属 *Gleditsia*

　　落叶乔木，高达 30 米。在中国各地广泛分布。花期 3—5 月，果期 5—12 月。

　　总状花序，长 5 ～ 14 厘米，花黄白色。叶为一回羽状复叶，长 10 ～ 18 厘米；小叶 3 ～ 9 对，卵状披针形或长圆形，长 2 ～ 8.5 厘米，边缘有细锯齿。荚果带状，长 12 ～ 37 厘米。

珍珠梅（zhēn zhū méi）

Sorbaria sorbifolia

被子植物门 Angiospermae >> 蔷薇科 Rosaceae >> 珍珠梅属 *Sorbaria*

　　落叶灌木，高达 2 米。原产中国，分布于陕西、甘肃、新疆、江西、湖北、四川、贵州、云南、西藏、内蒙古等地。花期 6—9 月，果期 9—10 月。

　　圆锥花序顶生，长 10 ～ 20 厘米，直径 5 ～ 12 厘米；花瓣长圆形或倒卵形，花径 1 ～ 1.2 厘米，白色。奇数羽状复叶互生，长 13 ～ 23 厘米；小叶片对生，披针形，长 5 ～ 7 厘米，边缘有尖锐重锯齿。菁葖果，长圆形。

紫丁香（zǐ dīng xiāng）

Syringa oblata

被子植物门 Angiospermae >> 木樨科 Oleaceae >> 丁香属 *Syringa*

　　落叶灌木或小乔木，高 1.5 ～ 4 米。原产中国东北、华北、西北（除新疆）以至西南，现各地广泛栽培。花期 4—5 月，果期 6—10 月。

　　圆锥状花序直立，先叶后花，花冠紫色，高脚杯状，长 0.8 ～ 1.7 厘米。单叶对生，卵圆形或肾形，长 2 ～ 14 厘米。蒴果卵圆形或长椭圆形，长 1 ～ 1.5 厘米。

紫荆（zǐ jīng）

Cercis chinensis

被子植物门 Angiospermae >> 豆科 Fabaceae >> 紫荆属 *Cercis*

落叶灌木，高达 5 米。原产中国东南部，现广泛栽培。花期 3—4 月，果期 8—10 月。

花 2～10 余朵成束，簇生于老枝和主干上，尤以主干上花束较多，常先叶开放，花冠紫红或粉红色，花长 1～1.3 厘米。叶近圆形，基部心形，长 5～10 厘米。荚果扁，窄长圆形，长 4～8 厘米。

紫穗槐（zǐ suì huái）

Amorpha fruticosa

被子植物门 Angiospermae >> 豆科 Fabaceae >> 紫穗槐属 *Amorpha*

落叶灌木，高 1～4 米。原产美国东北部和东南部，现中国广泛栽培。花期 5—6 月，果期 7—10 月。

穗状花序顶生或腋生，长 7～15 厘米，蝶形花冠，花冠紫色。奇数羽状复叶，长 10～15 厘米，小叶 11～25 枚，卵形或椭圆形，长 1～4 厘米。荚果长圆形，长 0.6～1 厘米，成熟时呈棕褐色。

紫藤（zǐ téng）

Wisteria sinensis

被子植物门 Angiospermae >> 豆科 Fabaceae >> 紫藤属 *Wisteria*

大型落叶藤本，长 20 余米。分布于河北以南黄河、长江流域及陕西、河南、广西、贵州、云南等地。花期 4—5 月，果期 5—8 月。

总状花序生于叶腋或顶芽，花序下垂，长 15～30 厘米，先叶开花，蝶形花冠，花冠紫色，长 2～2.5 厘米。羽状复叶长 15～25 厘米，小叶 9～13 枚，卵状椭圆形或卵状披针形，长 5～8 厘米。

荚果线状倒披针形，成熟后不脱落，长 10 ～ 15 厘米。

紫薇（zǐ wēi）

Lagerstroemia indica

被子植物门 Angiospermae >> 千屈菜科 Lythraceae >> 紫薇属 *Lagerstroemia*

落叶灌木或小乔木，高达 7 米。原产于亚洲南部及澳大利亚北部，在中国华东、华中、华南及西南均有分布，现广泛栽培。花期 6—9 月，果期 9—12 月。

圆锥花序顶生，花淡红色、紫色或白色，边缘有不规则皱状缺刻，基部有长爪。单叶互生或对生，椭圆形或倒卵形，长 2.5 ～ 7 厘米。蒴果，椭圆状球形，幼时绿色，成熟时呈紫黑色。

紫叶李（zǐ yè lǐ）

Prunus cerasifera 'Atropurpurea'

被子植物门 Angiospermae >> 蔷薇科 Rosaceae >> 李属 *Prunus*

落叶灌木或小乔木，高达 8 米。原产于亚洲西南部，现在中国华北及其以南地区广为种植。花期 4 月，果期 8 月。

花单生，花径 2 ～ 2.5 厘米，花瓣白色或淡粉红色。叶片椭圆形、卵形或倒卵形，长 3 ～ 6 厘米，叶片常年紫红色。核果近球形或椭圆形，直径 1 ～ 3 厘米，果暗红色。

紫叶小檗（zǐ yè xiǎo bò）

Berberis thunbergii 'Atropurpurea'

被子植物门 Angiospermae >> 小檗科 Berberidaceae >> 小檗属 *Berberis*

落叶灌木，高约 1 米。原产日本，现在中国广泛栽培。花期 4—6 月，果期 7—10 月。

伞形花序，花 2 ～ 5 朵近簇生，花瓣黄色，长圆状倒卵形，长 5.5 ～ 6 毫米。单叶互生，叶菱状卵形，长 5 ～ 20 毫米，紫红色。浆果红色，椭圆体形，长约 10 毫米。

紫玉兰（zǐ yù lán）

Yulania liliiflora

被子植物门 Angiospermae >> 木兰科 Magnoliaceae >> 玉兰属 *Yulania*

落叶灌木，高达 3 米。原产于福建、湖北、四川、云南西北部，现广泛栽培。花期 3—4 月，果期 8—9 月。

花单生，花叶同时开放，瓶形，外面紫色或紫红色，内面白色，长 8 ～ 10 厘米。单叶互生，叶椭圆状倒卵形或倒卵形，长 8 ～ 18 厘米。聚合果深紫褐色，圆柱形，长 7 ～ 10 厘米。

钻天杨（zuān tiān yáng）

Populus nigra var. *italica*

被子植物门 Angiospermae >> 杨柳科 Salicaceae >> 杨属 *Populus*

落叶乔木，高达 30 米。中国长江、黄河流域各地广为栽培。花期 4 月，果期 5 月。

柔荑花序，雄花序长 4 ～ 8 厘米，雌花序长 10 ～ 15 厘米。叶菱状三角形或菱状卵圆形，长 5 ～ 10 厘米，边缘钝圆锯齿。蒴果 2 瓣裂。

四十载物候情缘
——记北京大学城市与环境学院教授陈效述

刘婉茹

在世界上，物候知识的起源以中国为最早。在 2000 多年以前，中国古代人民就把一年冷暖干湿的变化分为二十四节气，把在冷暖干湿变化影响下所出现的自然现象分为七十二候。这些都反映了早期物候知识的积累和传播。

"花深叶暗耀明日，日暖众鸟皆嘤鸣""飒飒西风满院栽，蕊寒香冷蝶难来""夏至无雨三伏热，处暑难得十日阴"，从古至今，无论是诗人、学者还是平民百姓都在运用关于物候的诗词和谚语，抒发着对于生活的感悟。

陈效述认为，"身处于大自然之中，观察和体验生命的季节律动"是物候学研究区别于其他研究的独特魅力。从温带到亚热带和热带，从平原到山地和高原，从森林到草原……陈效述的物候学研究覆盖了大半个中国。投身物候学研究四十载，他始终如一地坚持着物候观测，用心探索着自然界的节律和美感，感受着世事的变迁。一年一岁，随着花开花落、叶绿叶黄，他追寻着大自然季节的踪迹，"捕变幻于瞬时，怀永恒于心间"。如今的陈效述已迈进了耳顺之年，他与物候的 40 年情缘，春夏秋冬的花草树木皆可见证。

兴趣使然，走近物候

1977 年，中断了 10 年的中国高考制度得以恢复。在国家恢复高考的第二年，陈效述考入了北京师范学院（现首都师范大学），步入了地理学的殿堂。

在陈效逑的印象中，高考制度的恢复让沉寂了 10 年的大学校园回归了往日的活力，教师和学生对于教学和学习都充满了热情。因为喜欢植物，入学后不久，他便阅读了竺可桢和宛敏渭先生撰写的《物候学》一书，并对物候观测与研究产生了强烈的兴趣。于是，他利用业余时间参加了物候观测小组，时常与老师、同学一起在校园里观察植物的萌芽、开花、展叶、果实成熟、叶变色和落叶。

竺可桢一直是陈效逑所敬佩的前辈。如今，陈效逑仍能对竺可桢生前的一些事迹娓娓道来："竺可桢先生自从来到北京一直到去世的前一年，都在坚持物候观测。当时，先生的家住在北海公园附近，每天早晨他都要穿过北海公园观测物候，然后才去上班，对于物候学的坚持与执着，在他的身上得到了完美体现。"竺可桢先生的事迹深刻地影响着青年时代的陈效逑，并激励着他坚持不懈地投身于物候学研究中。在陈效逑看来，物候学研究不仅十分有趣，而且对地理学研究有着独特的意义。"地理学最讲究综合，那么，什么指标能够体现自然环境的综合特征呢？其实，生物就是自然环境的综合指示器，生物适应一个地方的光、热、水、土、气等环境条件才能生存和繁衍，而生物的物候变化则是自然环境季节变化的综合指示器。物候是大自然的语言，我们捕捉到大自然的语言就等于抓住了它的本质特征。"

以前辈的榜样为指引，以对物候学研究的重要性认识为动力，陈效逑在导师杨国栋教授的指导下，从 1979 年开始开展物候观测，已坚持观测近 40 年。"春雪满空来，触处似花开。不知园里树，若个是真梅。"至今，他仍记得在一个雪后的晴日，和老师一起去观察蜡梅开花的情景，雪罩花蕾的美感激发了他对于物候现象的好奇心，让他记忆犹新。通过细心的观察和探索，陈效逑在大学二年级时就与导师合作发表了第一篇学术论文——《北京地区物候季节的初步研究》。

陈效逑对于物候观测的坚持与热爱，老师们都赞赏有加。杨国栋教授曾赋诗一首这样鼓励他："相约看物候，效逑最认真。春惊红烂漫，夏喜绿深沉。细察山水性，穷追草木心。投身大自然，奥秘任搜寻。"这无疑是对他巨大的鞭策，并坚定了他在物候学研究中不断开拓进取的决心。

大学本科毕业后，因学习成绩优异且具有从事科学研究的潜质，陈效逑被留在本校任教。在之后的 8 年中，他多次带领学生登华山、入关中、访蓉城、渡三峡，进行历时 3 个星期的自然地理野外实习，这让他体验到与学生亲如手足，共同探索大自然奥秘的无限乐趣。在此期间，他还参与组建了北京地区物候观测网，获得了丰富的第一手物候数据，并与导师合作发表了 10 余篇论文。

1990 年 10 月，陈效逑受国家公派到德国中央气象局进行访问交流，继续进行物候学研究。德国具有全世界站点最稠密的物候观测网，各类物候资料充足，这为他走向物候学领域的学术前沿提供了十分难得的机遇。1990 年 10 月—1991 年 9 月，陈效逑主持了两项德国中央气象局的科研项目，为了更好地完成科研任务，他联系了法兰克福大学地学系的两位教授，并顺利考取了法兰克福大学的博士研究生。其博士论文经同行专家的严格审查，作为《德国气象局丛书》第 189 卷于 1994 年正式出版，被德国学术界认为是第二次世界大战之后物候学方面的重要文献。

1994 年 12 月，陈效逑回到了祖国。次年 4 月他来到了北京大学，从事植物物候与气候变化的博士后研究工作。在这段时期，他参与了 1979—1987 年北京地区物候观测资料的系统整理工作，编写完成了 16 部物候日历，并于 1995 年与杨国栋教授合作出版了

《北京地区的物候日历及其应用》一书，该成果获得了 1995 年度北京市新闻出版局优秀图书奖三等奖和 1997 年度北京市科技进步奖三等奖。1997 年 3 月，陈效逑留校任教，开始了在北京大学的科研与教学生涯。

纵贯南北、跨越经纬的物候学研究

"兴趣""坚持""习惯"是陈效逑从事物候学研究不同阶段的动力。他对于物候学的研究倾尽心力，真正达到了"读万卷书、行万里路"的境界。从北方到南方，从内蒙古到青藏高原，从树木到草本，从个体到景观，多年来，他坚持植物物候学、气候变化与植被动态等方向的研究，取得了一系列科研成果。

在北京大学从事科研工作以来，陈效逑立足于自然地理学的视角，针对植物开花、展叶、果实成熟、叶变色和落叶的发生时间及其影响因素，开展区域物候学的研究。在植物物候学基础理论研究方面，陈效逑团队通过不断探索，揭示了物候现象发生的顺序相关性节律、准年周期性节律和多年波动性节律及其与气温节律性变化的关系，从而深化了对物候现象发生时间的基本规律及其环境机制的认识。在植物物候季节划分研究中，陈效逑团队提出了频率分布型法和累积频率拟合法，进行温带和亚热带植物群落的物候季节划分，弥补了物候季节划分局限于单种植物物候期的不足。在遥感物候研究中，提出基于植物群落物候期频率特征与遥感植被指数相结合的物候提取方法，实现了由点及面地确定区域植被生长季节及其对气候变化的响应。陈效逑认为："在获得了系统的物候数据之后，下个阶段的主要任务就是物候期的过程模拟与预测。"到目前为止，陈效逑团队已经针对中国北方温带和东部亚热带-热带地区的树木开展了基于温度的春季物候过程模拟和预测研究，揭示了温带和亚热带-热带春季树木物候对气候波动响应的不同机制；构建了基于温度和水分条件的内蒙古和青藏高原草本植物返青期的物候过程模型，揭示出草原返青对温度和水分耦合响应的区域差异及其成因。进而，将对植物个体展叶期的小尺度模拟与大尺度遥感物候的过程模拟打通，通过两种不同数据过程模拟的模型结构与参数比较，评价遥感物候提取的有效性，并预测了未来几十年我国北方落叶阔叶林展叶期的变化趋势。

2004 年在内蒙古自治区巴彦胡硕镇测量羊草叶片光合速率

目前，陈效述团队将主攻方向集中在秋季物候的影响因子分析和过程模拟方面。近期，陈效述团队提出了一种基于光周期和低温耦合预测叶片衰老的全新过程模型，大大简化了前人的光周期和低温耦合模型。该模型将光周期和低温作为叶片衰老的独立条件，当二者之一达到阈值时，叶衰老过程即可启动，而叶片的衰老速率则由光周期与日最低气温乘积的 S 形生长曲线函数予以描述。该模型在反映叶衰老生理生态机理的真实性、模拟与预测的准确性和模型结构的普适性方面均优于现有的模型，具有显著的理论和方法创新。模拟结果表明，在夏季光周期较长的北方，叶衰老过程主要由气温的降低启动，而在夏季光周期较短的南方，叶衰老过程主要由光周期的缩短启动，这一结果得到了大量野外和室内实验的支持，相关成果即将发表在《农业与森林气象学》杂志上。

此外，2018年陈效逑团队在《全球变化生物学》杂志上发表了一篇关于中国北方树木秋季叶变色影响因子的论文。"以往的研究表明，树木叶变色主要由秋季短期而快速的温度降低所决定，因为低温会限制光合作用和叶绿素的生产，使叶绿素水平降低，这样，类胡萝卜素便逐渐显现出来，从而导致叶片由绿变黄。"然而，陈效逑团队却发现：树木叶变色期的发生时间不仅与叶变色发生之前一段时期的秋季温度呈正相关，还与整个绿叶期间的均温呈负相关，其机理是树木叶片从展叶到衰老也需要一定的积温。因此，绿叶期温度越高，叶片代谢和衰老速率越快，便会较早地进入叶变色期；反之，绿叶期温度越低，叶片代谢和衰老速率越慢，便会较晚地进入叶变色期。此外，绿叶期温度还可以抵消秋季低温对叶变色的影响，即一旦较高的绿叶期温度已经加速了叶片的衰老，则需要较少的秋季低温刺激便可引起叶变色的发生。在这一发现的基础上，陈效逑团队根据绿叶期温度和降水量对叶变色的影响，改进了前人基于光周期和秋季温度耦合的过程模型。该成果已经发表在《生态建模》杂志上。

作为近40年来从事植物物候观测与研究的阶段性总结，陈效逑的著作《植物物候的时空过程：模拟和预测》于2017年由德国施普林格（Springer）出版社出版。该书从地理学的视角阐述了植物物候现象的基本规律和植物物候时空序列模拟与预测的方法及其应用。

2018 年在墨尔本与物候学委员会主席 Marie Keatley 教授（左）和
副主席 Mark D. Schwartz 教授（中）合影

由于在物候学研究中所取得的突出成就和良好的国际声望，陈效述在 2005 年就当选了国际生物气象学会执行理事和物候学委员会主席，近 10 年来一直担任物候学委员会副主席。

探究不辍、耕耘不倦

尽管在他人看来，陈效述的科研之路顺风顺水，但他也曾度过了一段科研生涯中的艰难时期。

在德国留学期间，他面临的最大问题就是语言障碍，博士论文要求用德文撰写，这对于只学习了 7 个月德文的他来说，无疑是巨大的挑战。20 世纪 90 年代，计算机在国内还不是很普及，而在德国进行物候学的相关研究，从数据处理、绘图到论文写作，都要在计算机上进行，每前进一步，都面临着重重的困难。

为了攻克语言难关，陈效述结交了很多德国朋友，每天都与他们交流思想并时常与他们一起踢足球，语言水平有了很大的提升，最终，以蚂蚁啃骨头的干劲，陈效逑顺利撰写完成博士论文，并以优异成绩通过了答辩。最令陈效逑感动的是，在他博士答辩的那天，除了导师和答辩教授之外，他在德国中央气象局和居住小城的20多位德国朋友都从各地赶来旁听，还为他的答辩做了全程的录像。如今，这盒录像带已经成了他永远的珍藏。

回顾过去近40年的教师生涯，陈效逑最深的感触是宝贵的时光没有虚度。他曾认真研究了十几种欧美的"自然地理学"教材，通过精心钻研本科教学，逐步摸索出了"自然地理学"课程的全新教学模式，一改过去几十年该课程按照自然地理要素分别叙述、平行地罗列知识的讲授模式，运用系统论的思想，将地球表层系统的大气圈、水圈、岩石圈、土壤圈、生物圈、人类圈加以贯通。在新教学体系指导下的课堂教学赢得了本学院和其他院系学生的普遍喜爱，如今这门课程已经获得了"北京市精品课程"和"国家级精品课程"的称号。2009年，陈效逑还获得了北京市高等学校教学名师奖。

春华秋实，在物候学研究领域风风雨雨四十载，陈效逑从未忘记自己的理想与初衷。2018年1月，在60岁生日之际，他写下这样的诗句："读书立论为求真，功利人间不染尘。独往独来凭兴趣，自由自在品清纯。宁拙毋巧操心智，破旧开新探果因。学问从来需尽力，梅香浓郁苦寒寻。"将他人生的点滴心得都凝萃在这首七律诗中。

"一生执着，不为名利"，如今，陈效逑的科研人生还在续写着新的篇章。办公室里悬挂着的物候钟20年如一日地运转着，就如同陈效逑对于物候研究的热情，丝毫未褪、历久弥新。

（发表于《科学中国人》2019年1月上）

国家植物园观花植物花历

2 月

蜡梅开花始：2 月 25 日

3 月

迎春花开花始：3 月 17 日

山桃开花始：3 月 22 日

山茱萸开花始：3 月 24 日

连翘开花始：3 月 28 日

辽梅山杏开花始：3 月 30 日

玉兰开花始：3 月 30 日

4 月

杏开花始：4 月 1 日

紫玉兰开花始：4 月 5 日

榆叶梅开花始：4 月 6 日

贴梗海棠开花始：4 月 7 日

紫叶李开花始：4 月 7 日

紫丁香开花始：4 月 7 日

紫荆开花始：4 月 10 日

白丁香开花始：4 月 10 日

元宝槭开花始：4 月 10 日

郁李开花始：4 月 12 日

锦鸡儿开花始：4 月 12 日

西府海棠开花始：4 月 14 日

二色桃开花始：4 月 14 日

花叶丁香开花始：4 月 14 日

紫叶小檗开花始：4 月 14 日

棣棠开花始：4 月 17 日

鸡麻开花始：4 月 17 日

木瓜开花始：4 月 17 日

三叶木通开花始：4 月 19 日

毛泡桐开花始：4 月 20 日

西洋接骨木开花始：4 月 20 日

文冠果开花始：4 月 21 日

黄刺玫开花始：4 月 24 日

鸡树条荚蒾开花始：4 月 24 日

紫藤开花始：4 月 24 日

牡丹开花始：4 月 26 日

锦带花开花始：4 月 28 日

楸树开花始：4 月 28 日

猬实开花始：4 月 29 日

金银忍冬开花始：4 月 30 日

刺槐开花始：4 月 30 日

5 月

山楂开花始：5 月 4 日

平枝栒子开花始：5 月 5 日

四照花开花始：5 月 7 日

毛梾开花始：5 月 10 日

海仙花开花始：5 月 11 日

玫瑰开花始：5 月 14 日

柿树开花始：5 月 14 日

太平花开花始：5 月 16 日

北京丁香开花始：5 月 20 日

白杜开花始：5 月 20 日

臭椿开花始：5 月 22 日

黄金树开花始：5 月 24 日

酸枣开花始：5 月 26 日

6 月

珍珠梅开花始：6 月 2 日

荆条开花始：6 月 3 日

栾树开花始：6 月 3 日

蒙椴开花始：6 月 8 日

合欢开花始：6 月 11 日

美国凌霄开花始：6 月 16 日

木槿开花始：6 月 28 日

梧桐开花始：6 月 20 日

7 月

紫薇开花始：7 月 1 日

槐开花始：7 月 13 日

龙爪槐开花始：7 月 15 日

各季节开始的指示物候现象

附图 1 蜡梅花蕾出现

附图 2 榆树芽开始膨大

附图 3 连翘芽开始膨大

附图 4 绦柳芽开放

附图 5 山茱萸开花始

附图 6 加拿大杨花序出现

附图 7 油松展叶始

附图 8 榆树果实成熟

附图 9　金银忍冬开花盛

附图 10　刺槐开花盛

附图 11　栾树开花盛

附图 12　美国凌霄开花始

附图 13　龙爪槐开花末

附图 14　栾树果实成熟

附图 15　七叶树果实成熟

附图 16　蒙椴叶开始变色

附图 17　银杏叶开始变色

附图 18　柿树叶开始变色

附图 19　紫丁香落叶末

附图 20　四照花叶全部变色

附图 21　槐落叶末

附图 22　水杉落叶末

附图 23　蜡梅芽开始膨大

附图 24　初雪